土木・環境系コアテキストシリーズ E-2

都市・地域計画学

谷下 雅義 著

コロナ社

土木・環境系コアテキストシリーズ
編集委員会

編集委員長

Ph.D. 日下部 治 (東京工業大学)

〔C：地盤工学分野 担当〕

編集委員

工学博士 依田 照彦 (早稲田大学)

〔B：土木材料・構造工学分野 担当〕

工学博士 道奥 康治 (神戸大学)

〔D：水工・水理学分野 担当〕

工学博士 小林 潔司 (京都大学)

〔E：土木計画学・交通工学分野 担当〕

工学博士 山本 和夫 (東京大学)

〔F：環境システム分野 担当〕

2011 年 3 月現在

刊行のことば

　このたび，新たに土木・環境系の教科書シリーズを刊行することになった。シリーズ名称は，必要不可欠な内容を含む標準的な大学の教科書作りを目指すとの編集方針を表現する意図で「土木・環境系コアテキストシリーズ」とした。本シリーズの読者対象は，我が国の大学の学部生レベルを想定しているが，高等専門学校における土木・環境系の専門教育にも使用していただけるものとなっている。

　本シリーズは，日本技術者教育認定機構（JABEE）の土木・環境系の認定基準を参考にして以下の6分野で構成され，学部教育カリキュラムを構成している科目をほぼ網羅できるように全29巻の刊行を予定している。

　　　A分野：共通・基礎科目分野
　　　B分野：土木材料・構造工学分野
　　　C分野：地盤工学分野
　　　D分野：水工・水理学分野
　　　E分野：土木計画学・交通工学分野
　　　F分野：環境システム分野

　なお，今後，土木・環境分野の技術や教育体系の変化に伴うご要望などに応えて書目を追加する場合もある。

　また，各教科書の構成内容および分量は，JABEE認定基準に沿って半期2単位，15週間の90分授業を想定し，自己学習支援のための演習問題も各章に配置している。

　従来の土木系教科書シリーズの教科書構成と比較すると，本シリーズは，A

刊行のことば

分野（共通・基礎科目分野）にJABEE認定基準にある技術者倫理や国際人英語等を加えて共通・基礎科目分野を充実させ，B分野（土木材料・構造工学分野），C分野（地盤工学分野），D分野（水工・水理学分野）の主要力学3分野の最近の学問的進展を反映させるとともに，地球環境時代に対応するためE分野（土木計画学・交通工学分野）およびF分野（環境システム分野）においては，社会システムも含めたシステム関連の新分野を大幅に充実させているのが特徴である。

科学技術分野の学問内容は，時代とともにつねに深化と拡大を遂げる。その深化と拡大する内容を，社会的要請を反映しつつ高等教育機関において一定期間内で効率的に教授するには，周期的に教育項目の取捨選択と教育順序の再構成，教育手法の改革が必要となり，それを可能とする良い教科書作りが必要となる。とは言え，教科書内容が短期間で変更を繰り返すことも教育現場を混乱させ望ましくはない。そこで本シリーズでは，各巻の基本となる内容はしっかりと押さえたうえで，将来的な方向性も見据えた執筆・編集方針とし，時流にあわせた発行を継続するため，教育・研究の第一線で現在活躍している新進気鋭の比較的若い先生方を執筆者としておもに選び，執筆をお願いしている。

「土木・環境系コアテキストシリーズ」が，多くの土木・環境系の学科で採用され，将来の社会基盤整備や環境にかかわる有為な人材育成に貢献できることを編集者一同願っている。

2011年2月

編集委員長　日下部　治

まえがき

　都市地域計画をつくる際，考慮しなければならない前提条件の一つは人口や世帯数である。

　図に西暦800年から2100年までの日本の人口推移および予測を示す。明治以降急速に増加した人口は，2005年にピークを迎え，今後は減少していくとされている。これまで地方圏からの人口流入があった東京，埼玉，千葉，神奈川の1都3県においても，人口は2015年ごろにピークを迎え，その後減少す

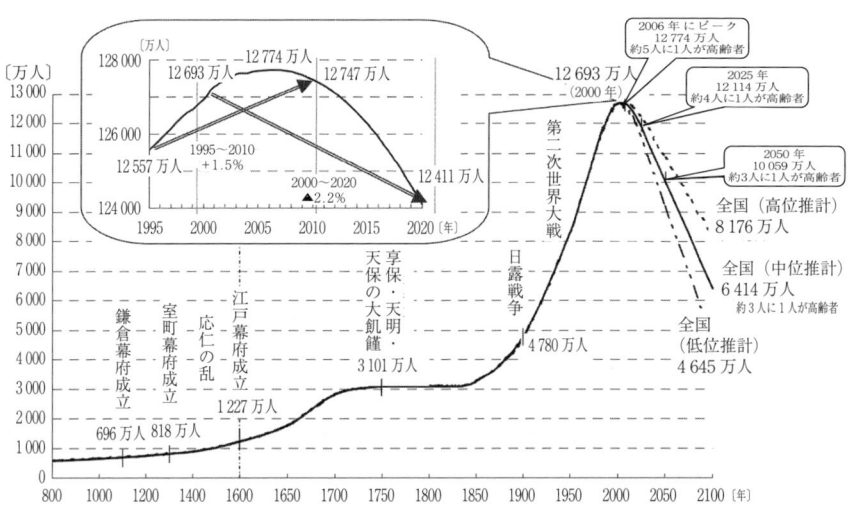

出典：総務省「国勢調査報告」，同「人口推計年報」，国立社会保障・人口問題研究所「日本の将来推計人口（平成14年1月推計）」，国土庁「日本列島における人口分布変動の長期時系列分析」(1974年) をもとに国土交通省国土計画局が作成

参照先：国土交通省，国土審議会第8回調査改革部会，配布資料2参考資料，
　www.mlit.go.jp/singikai/kokudosin/kaikaku/8/shiryo2sankou.pdf（2014年2月現在）

図　800年から2100年までの人口推移

ると予測されている。人口を一定に保つには，一人の女性が一生のうちに産む子供の平均数である合計特殊出生率が約2.1となる必要があるが，2012年は1.41，東京都では全都道府県で最小の1.09に過ぎない。合計特殊出生率が高い地方から合計特殊出生率の低い都市に人口が流出する形で，高齢化と人口減少が進んでいる。増田らはこれを「人口のブラックホール現象」と呼んでいる（人口減少問題研究会：懐死する地方都市，中央公論，2013年12月号）。

人口の減少により，郊外住宅の虫食い化や工場跡地の荒廃，さらに公共施設の維持管理の困難さを引き起こし，地域コミュニティの空洞化をもたらすことが懸念されている。しかし，こういった状況があるにもかかわらず，わが国の都市計画関連制度は，増加する人口や産業に対してどのように効率的に対処するかという思想で成り立っている。

この人口の動向を一つとっても，いままでの都市計画の考え方では対応できない状況になってきており，現状だけでなく未来を見据えた都市計画のあり方を考えていく必要がある。

こうした問題意識のもと，本書では，第Ⅰ部「都市を知る」（計画はなくとも都市は動く），第Ⅱ部「都市計画を学ぶ」（都市計画法の限界を知る）そして第Ⅲ部「計画をつくる」（豊かな自然歴史文化をつなぐ）の三部構成で段階をおって解説する。法律や制度は，私たちがつくったものである。本書を読まれたみなさんが「創造的破壊」を行い，新しい社会をつくっていってくれることを期待している。

2014年2月　　　　　　　　　　　　　　　　　　　　　　　谷下　雅義

初版3刷発行にあたって

初版3刷の重版にあたって，統計データや法律をできるだけ最新の内容に差替えた。また，初版2刷の際に7章末にハザードマップと災害危険区域の記述を加え，今回の初版3刷では2章の章末問題に流域治水，8章末にMaaS，13章末にプレイスメイキングの説明を新たに加えた。

2021年7月　　　　　　　　　　　　　　　　　　　　　　　谷下　雅義

本書の構成

第I部　都市を知る
（計画はなくとも都市は動く）

```
経済 [4章]                    組織 [3章]
          計画 [5章]
社会資本・
資源エネルギー [4章]           自然 [2章]
```

第II部　都市計画を学ぶ
（都市計画法の限界を知る）

```
都市計画法
  主体・目標：マスタープラン [6章]
  手　段：土地利用規制 [7章]
         都市計画事業；都市施設 [8章]
                     市街地開発事業 [9章]
         地区計画・協定 [10章]
         財源 [11章]
  手　続 [12章]
```

第III部　計画をつくる
（豊かな自然歴史文化をつなぐ）

```
コミュニティデザイン [13章]
       防災，防犯，景観，歴史・文化，
       福祉，エネルギー，健康 [14章]
```

目 次

1章 イントロダクション：都市計画とは

- 1.1 東日本大震災からの復興：陸前高田市を例として　*2*
  - 1.1.1 東日本大震災の特徴　*2*
  - 1.1.2 陸前高田市の自然・歴史文化　*3*
- 1.2 都市・地域の特徴と構成要素　*5*
  - 1.2.1 都市・地域の特徴　*5*
  - 1.2.2 都市・地域の構成要素　*9*
- 1.3 都 市 計 画　*12*
  - 1.3.1 都市計画：都市空間のマネジメント　*12*
  - 1.3.2 都市計画，都市マネジメントに求められる能力　*13*
- 1.4 関連する学問分野と本書の構成　*13*
- 演 習 問 題　*14*

第Ⅰ部　都市を知る

2章 自然と都市の形成

- 2.1 自　　　然　*17*
  - 2.1.1 気　　　圏　*17*
  - 2.1.2 水　　　圏　*18*
  - 2.1.3 地　　　圏　*20*

       2.1.4　生物圏（生態系）　*21*

　2.2　都市の形成　*23*

　演習問題　*27*

3章　人間：活動と組織

　3.1　活　　　動　*30*

       3.1.1　活動と欲求　*30*

       3.1.2　立　　　地　*32*

　3.2　組　　　織　*35*

　3.3　国家と政府　*39*

       3.3.1　国　　　家　*39*

       3.3.2　政　　　府　*40*

　演習問題　*42*

4章　経済活動

　4.1　市場システム　*45*

　4.2　財　　　政　*48*

　4.3　社　会　資　本　*52*

　4.4　資源・エネルギー　*54*

       4.4.1　わが国における資源・エネルギーフロー　*56*

       4.4.2　資源・エネルギーの価格高騰，枯渇　*56*

　演習問題　*58*

5章　問題と政策

　5.1　都市空間の問題　*60*

　5.2　災　　　害　*60*

　5.3　環　境　問　題　*61*

       5.3.1　地球環境問題　*61*

　　　　5.3.2　地域環境問題　*64*
5.4　政策・計画　*69*
演習問題　*70*

第II部　都市計画を学ぶ

6章　都市計画法とマスタープラン

6.1　都市計画に関連する法律・条例　*75*
6.2　マスタープラン　*82*
　　　　6.2.1　市町村マスタープラン　*83*
　　　　6.2.2　都市計画区域マスタープラン　*84*
　　　　6.2.3　マスタープランの課題　*84*
演習問題　*87*

7章　土地利用規制

7.1　土地利用計画の必要性　*89*
7.2　都市計画区域と区域区分　*90*
　　　　7.2.1　都市計画区域　*90*
　　　　7.2.2　区域区分　*90*
7.3　地域地区　*93*
演習問題　*101*

8章　都市施設

8.1　都市施設とは　*103*
8.2　公園・緑地　*105*
8.3　交通システム　*108*
　　　　8.3.1　道路　*110*
　　　　8.3.2　公共交通　*113*
演習問題　*116*

9章　市街地開発事業

9.1　面的整備の意義　*118*

9.2　土地区画整理事業　*118*

9.3　市街地再開発事業　*121*

演 習 問 題　*126*

10章　地区計画・協定

10.1　日本の土地利用規制の限界　*128*

10.2　地 区 計 画　*129*

10.3　建 築 協 定 な ど　*131*

　　　10.3.1　建 築 協 定　*131*

　　　10.3.2　緑 地 協 定　*132*

　　　10.3.3　景 観 協 定　*132*

　　　10.3.4　まちづくり協定　*134*

10.4　地区計画の事例：巣鴨・地蔵通り商店街　*135*

演 習 問 題　*138*

11章　都市計画の財源

11.1　負担の考え方　*140*

11.2　財　　　源　*141*

　　　11.2.1　税 金 と 料 金　*142*

　　　11.2.2　社会資本整備総合交付金　*143*

　　　11.2.3　地　方　債　*144*

　　　11.2.4　都市計画事業費の実態　*144*

11.3　新 し い 動 き　*145*

　　　11.3.1　民間による施設建設・管理　*145*

　　　11.3.2　策定および実施後の活動支援：まちづくりファンド　*145*

演 習 問 題　*148*

12章　都市計画の決定手続

12.1　計画決定手続：現行法制度とその課題　*150*

12.2　環境影響評価　*152*

12.3　市民参加と利害調整システム　*155*

　　12.3.1　市民参加　*155*

　　12.3.2　紛争処理システム　*158*

演習問題　*161*

第 III 部　計画をつくる

13章　計画をつくる

13.1　計画のつくり方　*165*

　　13.1.1　発意, 問題構造化・目的・手段（代替案）の決定　*165*

　　13.1.2　調査・分析　*167*

　　13.1.3　評価・実施　*167*

　　13.1.4　事後評価　*168*

13.2　コミュニティデザイン　*168*

演習問題　*173*

14章　都市空間をマネジメントする

14.1　主体性を育む必要性　*175*

　　14.1.1　豊かさの転換　*175*

　　14.1.2　行政・企業の限界　*175*

　　14.1.3　市民の主体性を育むことのむずかしさ　*176*

14.2　主体性を育む　*177*

　　14.2.1　コミュニティビジネス　*177*

　　14.2.2　協働：コラボレーション　*178*

14.3 これからの都市のマネジメント　　*179*
　　　 14.3.1 分野を超える：空間とセットで考える　　*180*
　　　 14.3.2 都市の範囲を捉えなおす：里地里山，農エネルギー　　*181*
　　　 14.3.3 まちづくりにとりくもう　　*183*
　演 習 問 題　　*187*

引用・参考文献　　*188*
演習問題解答　　*197*
あ と が き　　*216*
索　　　　引　　*217*

1章 イントロダクション：都市計画とは

◆ 本章のテーマ

　人びとが集まって住み，さまざまな活動を通じて交流を行っている空間が「都市」である。都市は人によってつくられる人工物の中で最大のものである。多くの人が都市で生まれ，育ち，そして老いていく。しかし，都市は他の人工物とは大きく異なる点がある。それは，都市が「人間とその共同体をつくる力をもっている」ということである[1] †。

　また，すべての都市や地域は「歴史」を有している。私たちの生活は環境から影響を受けるだけでなく，環境への働きかけによって成り立っており，空間に刻まれたこれら環境との相互作用が「歴史」である。都市や地域の抱える問題を解決し，より質の高い空間を形成する都市・地域計画の出発点は，この人間とその共同体をつくる力をもつ空間の歴史を理解することである。

　本章では，東日本大震災で被災した岩手県陸前高田市の事例を出発点として，都市の構成要素と都市計画とはなにかについて学ぶ。

◆ 本章の構成（キーワード）

1.1　東日本大震災からの復興：陸前高田市を例として
　　　減災，課題先進地域，持続可能な地域，議会，自然・歴史・文化
1.2　都市・地域の特徴と構成要素
　　　建築物群，オープンスペース，活動，景観
1.3　都市計画
　　　生活の質，マネジメント，目標，手段，主体
1.4　関連する学問分野と本書の構成

◆ 本章を学ぶとマスターできる内容

☞　都市計画からみた東日本大震災の特徴がどのようなものであるか
☞　都市の構成要素にはどのようなものがあるか
☞　都市計画とはなんであるか

1.1 東日本大震災からの復興：陸前高田市を例として

1.1.1 東日本大震災の特徴

2011年3月11日に発生した**東日本大震災**（the Tohoku earthquake）では，1万5千人を超える方がなくなり，2500人を超える方が行方不明となっている（2014年1月10日時点）。原発事故も重なり，一時的に34万人を超える方が避難あるいは転居を余儀なくされた。

都市計画の観点からみたこの震災の特徴は以下の三つであると著者は考えている。

〔1〕**地震津波による被害**　数百年あるいは千年に一度と呼ばれる津波が各地域の堤防を破壊した。ハード（土木構造物）だけで被害を防ぐことは困難であることが明らかとなった。また，明治三陸地震津波や昭和三陸地震津波を受け，先人は「これより低地に住む家をつくるな」といった津波記念碑や文書などで津波の恐ろしさを伝えてきたが，そうした「教え」を守り続けることも容易ではないことが示された。

安全・安心な地域をつくるためには，ハードとソフト（避難路や情報通信を含む避難システムと土地利用規制）を組み合わせた**減災**（disaster mitigation）という考え方が重要であることが認識された。

〔2〕**第一次産業が支えていた地域**　多くの被災地は，震災前から少子高齢化，人口減少が続いていた。こうした地域は，農林漁業を中心に生活が営まれ，また福島県という東北地方に東京電力の発電所があったというように，大都市の食やエネルギーの供給基地となっていた。こうした人口減少，食やエネルギーの問題は，近い将来，日本のみならず海外でも生じうるという意味で，第一次産業が支えていた地域は**課題先進地域**（subject advanced region）であるといえる。

豊かな自然を生かしながら若者の働く場をつくる，いわゆる**持続可能な地域**

前頁† 肩付き数字は巻末の引用・参考文献番号を表す。

〔3〕**行政の限界**　被災地では，被災当初，行政機能が麻痺した市や町が少なくなかった。さらに，国への**復興交付金**（restoration subsidy）申請に間に合わせることが優先され，市民と十分な意見交換の時間がとれないまま，計画策定がなされたところも少なくない。そして，復興計画や事業の立案・実施にあたり，さまざまな規制の壁，**縦割り**（vertical division）の弊害が生じていることが明らかとなった。

また，震災以前より，国や地方自治体は多額の借金（国債や地方債）を抱えており，効率的な投資も求められている。行政にすべてを任せておけばよいという時代ではない。

三陸地域では，「ゆい・もやい」（ものや労力の貸し借り・支え合い）により，地域コミュニティを維持する活動が行われた。さらに外部専門家の支援により，住まいの再建や長期的な地域ビジョンづくりが進められている。

議会（parliament）のあり方も含め，新しい**自治**（autonomy）の仕組みをつくることができるかが問われている。

1.1.2　陸前高田市の自然・歴史文化

著者らは震災以降，陸前高田市を訪問し，市民の皆さんから多くのことを教えていただいた。そこで気づかされたことは，陸前高田には，まちごとに縄文の時代から古代，中世，近世を経て歴史文化が連続的に継承されてきており，また，世界に誇れる歴史文化資産が数多く存在していることである（**図1.1**）。

以下におもな自然・歴史文化財について述べる。

- 気仙郡の郡家ないし官衙(かんが)的施設があったとされる小泉遺跡（高田），そして中世の二日市（長部），八幡（高田），米ヶ崎（米崎）城館は，これから千年先の防災システムを考えるうえでの拠点となる。
- 玉山金山（竹駒）や重倉金山（米崎）は，東大寺，育王山（中国），平泉そして今泉や高田松原ともつながる歴史をもつ。

1. イントロダクション：都市計画とは

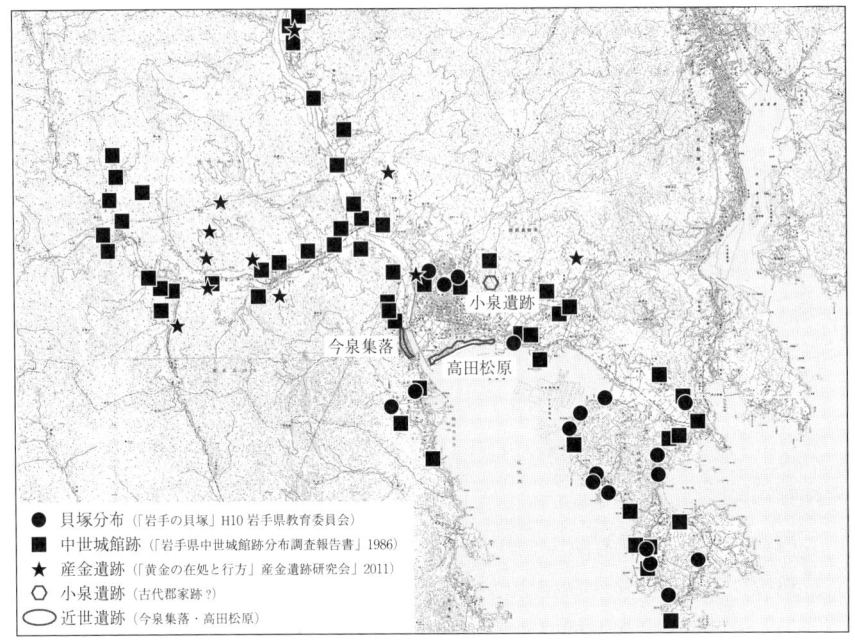

- 貝塚分布（『岩手の貝塚』H10 岩手県教育委員会）
- 中世城館跡（『岩手県中世城館跡分布調査報告書』1986）
- 産金遺跡（『黄金の在処と行方』産金遺跡研究会）2011）
- 小泉遺跡（古代郡家跡？）
- 近世遺跡（今泉集落・高田松原）

提供：グリーンインフラ研究会

図 1.1　陸前高田の歴史文化財分布図

- 広田半島そして広田湾・気仙川の水辺は，縄文時代から海（津波）と付き合ってきた「くらし」を学ぶ拠点となる。気仙川は砂金のみならず広田湾に恵みをもたらしてきた。
- 氷上山は海からの眺めも美しいランドマークであり，またベニヤマボウシなど希少な植物もある。
- 津波が到達しない矢作や横田は，気仙川や内陸への陸路を通じて重要な交易拠点でありつづけた。また，治水と向き合ってきた長い歴史をもつ。
- 江戸時代に入り，今泉宿（大肝入や鉄砲隊など），高田松原・今泉松原がつくられる。今回の津波でも，大肝入の住宅は約 7 割が残り，また，奇跡の一本松はシンボルとなった。
- この間に，貞観地震（869 年）や慶長地震（1611 年）など大津波を経験している。

平川 南氏（国立歴史民俗博物館館長）は「陸前高田は，気仙郡の中心として古代〜中世まで北方社会との重要拠点であり続けた」と述べている。また，陸前高田出身の畠山恵美子氏（明治大学）は「気仙郡は古代から近世まで歴史的にアジールであった。古代，律令制の最前線の場所に最先端の技術の投入，制度の試行，人の投入がなされていた」，「陸前高田は，民俗資料の宝庫でもある。柳田国男先生はじめ多くの民俗学者が歩いた。民俗はその土地に生きる人々の暮らしそのもの。史跡と同じように大切にすべき。金，鉄，漆，養蚕，木炭にかかわってきた山の民の文化，海とともに生きる海の民の文化，この二つが『陸前高田』の歴史と文化の基層。山間部の陸路は馬で，海と河川は船で，交易によって暮らしてきた。豊かな自然，鉱物資源，水産資源に恵まれた土地が昭和40年代まで経済を支えてきた」と語っている。

そして，「整った街並みが戻っても，文化財が残らない復興は真の復興ではない。それは，この土地の自然，文化，歴史，記憶の集積であり，陸前高田のアイデンティーだからです」と熊谷 賢氏（陸前高田市学芸員）が述べている[2]。

これらを踏まえ，著者らは，こうした歴史文化資産を拠点として整備するとともに，それらを「海・川・山」で関連づけることを通じて，防災，環境保全，観光，グリーンビジネスに寄与するふるさと再生の戦略として，自然・歴史・文化を生かした広田湾の水辺再生構想と環境に配慮した防潮堤の提案を行っている（**図1.2**）。しかし，採用はされなかった（14章コラム）。

1.2　都市・地域の特徴と構成要素

1.2.1　都市・地域の特徴

被災地のみならず，すべての地域はつぎの特徴をもつ[3]。

- 人間発達・自己実現・文化の継承と創造の場である
- 自然・経済・文化という機能を有し，これらの「総合性」（バランス）が不可欠である
- 地理・歴史を通じた独自性・個性をもつ

1. イントロダクション：都市計画とは

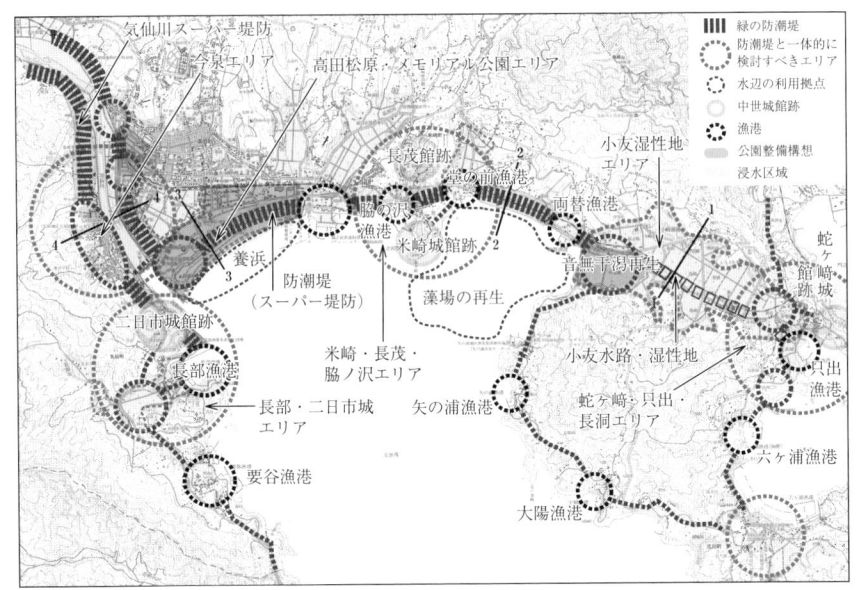

（a）広田湾の水辺再生構想

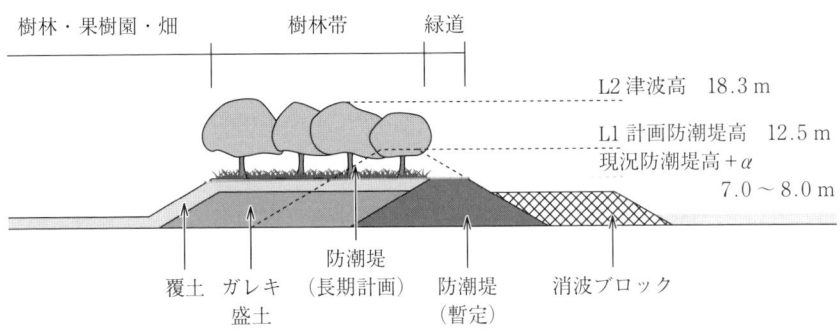

環境に配慮した防潮堤にはつぎのような可能性がある．
・波溯上の減衰，藻場の環境保全
・樹林帯による越波の減衰，緑の堤防環境・緑道整備
・土の堤防によるガレキ処理の促進，壊れにくい（修復可能な）堤防構造
・堤防をまたぐ道路により水門・閘門の撤去
・堤防の全体的な津波被害抑制による堤防高低減（安全性の確保，築造管理コストの抑制）

（b）環境に配慮した防潮堤の計画

提供：グリーンインフラ研究会

図1.2 自然・歴史文化を生かした広田湾の水辺再生構想および環境に配慮した防潮堤

- 住民主体の自治の単位である（行政界とは必ずしも一致しない）
- 他地域との交流と連帯が必須である
- 重層的な空間システムである
- 国・国際・世界とつながる

　震災復興はもちろん，都市や地域が抱える問題を理解するためには，今回示したような空間に刻まれている自然・歴史・文化を理解することが第一歩である。言い換えれば，なぜ問題が生じたのかというその問題の構造（いつ，誰が，なんのために，なにをしたのか）を理解する必要がある。例えば「醜い」空間があるとして，それは除去可能なのか。可能であるとしても単に除去をすれば済む問題なのか。将来，再生産される可能性があるのならば，それを生み出す構造まで戻って対処しなければ真の解決にはならない。当然，法制度や経済社会システムについても把握したうえで，いかなる解決策が有効なのかを議論しなければならない。

　さらに，空間や環境は一定ではない。多様な主体が存在するだけでなく，みな 10 年たてば 10 歳年をとるのであり，価値観や技術も変化する。ある問題の解決が別の問題を引き起こすこともある。都市計画やまちづくりは永遠に繰り返される活動である。

コラム

都市・地域・地区

　都市・地域・地区には，国際的に統一された明確な定義はない。都市の一つの定義は人口が集中していることであるが，集中しているかどうかの境界は明確ではない。人口の集中の程度を示す指標として**人口集中地区**（densely inhabited district, **DID**）がある。これは人口密度が 4 000 人/km² 以上の国勢調査の基本単位区がたがいに隣接して人口が 5 000 人以上となる地区である。

　境界をベースにした定義としては，行政が設定した区分がある。その一つが基礎自治体である市区町村である。統計データをみてみよう。

　まず，1960 年以降の市域，DID および後述する都市計画区域面積の推移を示す（図 (a)）。市域は 2005 年以降，市町村合併により急激に拡大していることがわかる。また，DID は国土面積の約 3.3 % である。そして，総人口に対

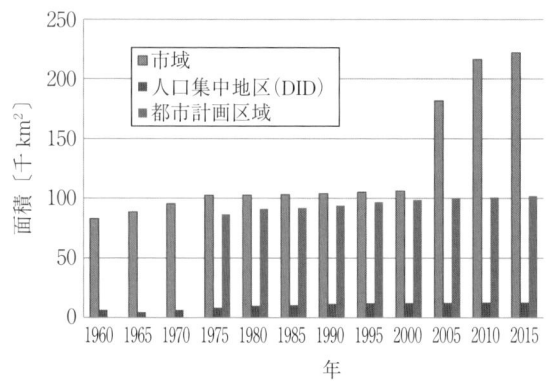

(a) 面積推移

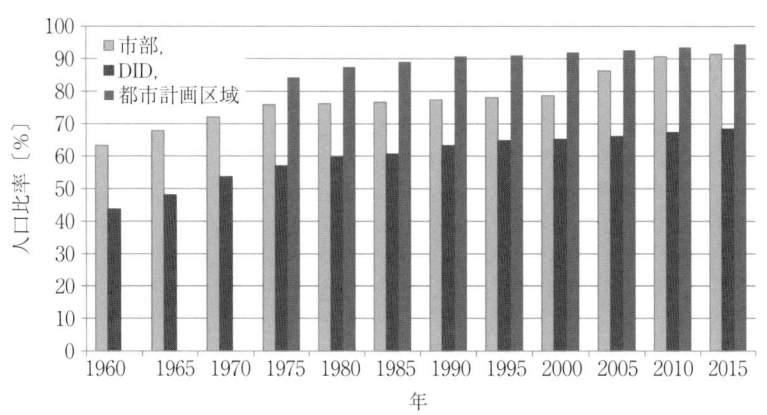

(b) 人口比率の推移

出典：国勢調査および都市計画年報をもとに作成

図　市域，DIDおよび都市計画区域の比較

する市，DID，都市計画区域の人口比率を図（b）に示す。現在，日本人の約9割が市に居住し，約7割がDIDに居住している。なお，都市計画区域内の人口が市域より大きくなるのは，都市計画区域は市以外の町や村でも指定されているためである。

核となる市およびその影響を受ける地域（周辺地域，郊外）をひとまとめにした地域の集合体を都市圏という。行政また民間組織が以下のような定義を行っている。

> **総務省統計局が定義している都市圏**：中心市を東京都区部および政令指定都市，大都市圏に含まれない人口50万以上の市（なお，中心市がたがいに近接している場合にはそれらの地域を統合して一つの大都市圏）とし，中心市への通勤・通学比率が1.5％以上の周辺自治体を圏域とする。
> **国土交通省都市・地域整備局が定義している都市圏**：人口10万人以上で昼夜人口比率が100％以上の市を核都市とし，その核都市への通勤通学者が，全通勤通学者の5％以上または500人以上である市町村を圏域とする。
> **広域行政圏**：上下水道，交通，ごみ処理，医療，消防，観光などの市町村を超えた広域行政のために，都道府県内をいくつかの地域に分けた空間単位。
> **都市雇用圏**：「10％通勤圏」。金本良嗣と徳岡一幸が「応用地域学研究」[4]で，DID人口を利用して中心地域を決め，その地域の雇用求心力を基準に設定された都市圏。
>
> 通勤・通学を考慮した都市圏は，そこで生活する住民の日常的な活動の範囲を表しており，この単位で都市計画がなされるのが望ましい。しかし実際には，市区町村あるいは都道府県という行政組織単位で，都市計画区域ごとに都市計画がたてられている。
> **都市計画区域**：都市計画法に基づいて都道府県知事が定める区域で一体の都市として総合的に整備・開発・保全する必要がある区域や住宅都市・工業都市等として新たに開発・保全する必要がある区域。市だからといって全域が指定されているわけではなく，また，町や村でも指定されている区域がある。2020年3月末現在，国土の約1/4にあたる1 069万 ha が指定されており，この区域内に約95％の人口が居住している。

本書では，一つの市区町村を超えて作成される計画の空間単位を「地域」と呼ぶ。一方，自治会・町内会や小学校単位など市区町村よりも小さい計画の空間単位を「地区」と呼ぶ。

以下，本書では，主として都市計画区域を都市として記述する。

1.2.2 都市・地域の構成要素

都市や地域は，① **建築物群**（buildings），② **オープンスペース**（open space），そして ③ 人間や生物の**活動**（activity）の三つから構成される。このうち，① 建築物群と ② オープンスペースは物的空間を形成する。

① 建築物群には，民間（企業，家計）が所有する民間建築物と行政が管理する公共公益施設がある。また，関連する設備として，看板，標識，街灯，アーチなどの付属物がある。

② オープンスペースは，建築物の建っていない空間であり，空地と呼ばれる。民間が所有する空地と，行政が管理する公園・緑地，道路，河川等の公共空地がある。前者は，農地や森林といった利用がなされている空間と，建築物を建てるための敷地において建物が建っていない空間（非建蔽地）からなる。日常的に呼ばれる「自然」はオープンスペースに含まれる。

こうした物的空間の上で行われるのが，③ 人間や生物の活動である。① 建築物群は，住宅という居住サービス，産業，商業といった生産・消費サービスの空間となるとともに，学校，体育館，役所など生活を支えるサービスを提供する場となる。② オープンスペースでも，農業やスポーツ・散策などの生産や消費の場になるとともに，河川や緑地・森林などは多様な生物が生息する生態系サービスが提供される。こうした人間や生物の活動は，気候・気象条件，習慣・慣習や時間帯，季節によって変化する。

道路や鉄道は，人の移動や物流のために利用されることが多いが，音楽活動や路上パフォーマンス，また，子どもの遊び場としても利用される。こうしたオープンスペースの利用も，都市やその景観を形成する重要な要素である。

景観（landscape）は，自然と人間の活動がたがいに関係しあうという相互作用（文化）を表現する。この相互作用には，庭園などのように人間が自然の中に作り出した景色，あるいは田園や牧場のように産業と深く結びついた景観，さらには自然それ自体にほとんど手を加えていなくとも，人間がそこに文化的な意義を付与したもの（宗教上の聖地とされた山など）が含まれる。現在，均質的な開発を通じて個々の地域がもっている個性が失われていく中で，人びとの生活や風土に深く結びついた地域特有の景観の重要性が見直されるとともに，その保護の必要性が認識されるようになり，歴史的景観に加えて，文化的景観という概念が生まれている。

> **コラム**
>
> **都市のイメージ**
>
> ケヴィン・リンチ（Kevin Lynch, 1918～1984年）は，人間は都市の略図を図のように表現し，そして都市のイメージはこれら五つの要素からなるとした。
>
>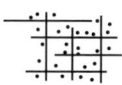
>
> （a） パス　　（b） エッジ　　（c） ディストリクト　　（d） ノード　　（e） ランドマーク
>
> **図　都市のイメージ**[5]
>
> （a）**パス**（paths）　観察者が通る可能性のある道のこと。多くの人びとにとって都市のイメージを形成する支配的なものであり，都市全体に秩序をもたらす可能性を有している。
>
> （b）**エッジ**（edges）　海岸線や崖などパスでない線状の要素で境界を表す。高架の道路や鉄道もエッジになりうる。
>
> （c）**ディストリクト**（districts）　観察者が心の中でその内側に入ることができ，しかもその内部になんらかの同じ特徴が見られる地区。その物理的な特徴は，テーマが共通していることであり，地区のアイデンティティを形成する。
>
> （d）**ノード**（nodes）　観測者がその中に入ることのできる焦点のこと。パスとパスが交差する場所またはなんらかの特徴の集中によってできたものをいう。駅や広場など物理的な明確さと個性をもつ。
>
> （e）**ランドマーク**（landmarks）　観測者から離れて存在する点であり，周囲のものの中でひときわ目立ち，覚えられやすいなんらかの特徴をもったもの。
>
> これらはたがいに強化しあい，共鳴しあう。パスは，ディストリクトを目に入りやすくし，さまざまなノードを連結する。ノードはパスを接合および区分する。エッジはディストリクトの境界を定め，ランドマークはこれらの要素の位置関係を示す。
>
> 昼と夜，遠くと近くでは，それぞれイメージが異なるが，なんらかの連続性を感じられるよう，ランドマークの設置や保存，パスの視覚的な体系化，ディストリクトのためのテーマの単位の確立，ノードの創設や明瞭化などに配慮して，都市をデザインすることが望ましい。

1.3　都 市 計 画

1.3.1　都市計画：都市空間のマネジメント

　自然，人工物，人間が相互に影響を与えあうことにより，環境が形成される。環境形成の蓄積の上に現在の都市そして周辺の農村を含めた地域がつくられる。また環境形成の過程で，災害や環境の劣化などさまざまな問題が生じる。こうした問題への事後的および予防的対処法の一つが**都市計画**（urban planning）である。

　都市計画は，「地域社会における**生活の質**（quality of life）の向上を目的として，空間の形成（維持・保全と開発・整備・創造）とその利用を管理（制御）する制度技術」である。言い換えると，1.2節で述べた建築物群やオープンスペース，また，そこで行われる人間の活動を直接的または間接的に形成あるいは管理するものであり，時間・空間・人間の総合的な関係のデザインである。また，空間形成に直接働きかけるだけでなく，制度を通じて空間を形成あるいは利用する人間の行動に働きかける技術ともいえる。

　例えば住宅地の街並みは，建物の高さ，屋根の形状，道路境界からの距離，色彩，建築物の材料・素材，塀，草花や表札，駐車スペースやゴミ箱といった非建蔽地，そして歩道や自転車道，道路の幅員，線形，構造，舗装等によってさまざまである。さらに，通行する人やベンチで休憩する人が街並みを形成する。地形・緑・水・光といった自然もイメージや生活の質に影響を与える。

　本書では，「良好な環境や地域の価値を高める活動」，言い換えると「自然・風土・文化・歴史を生かしながら，新しい文化・文明を重ねていく活動」を**マネジメント**（management）と呼ぶ。例えば，いま存在する地域は，"かつては畑だった"とか，"地震で建物が倒壊した"とか，"お祭りのときはここをお神輿が通る"など，さまざまな履歴や機能をもっている。こうした空間のもつ履歴や機能を読みとり，環境との関係そして将来を見据えて，空間に新しい機能や価値などを付加したり，不適切な機能を取り除いたりしていくことがマネジメントである。

1.3.2 都市計画,都市マネジメントに求められる能力

都市計画,都市マネジメントでは目標と手段と主体をセットで考える必要がある。目標,手段,主体のいずれかが欠けても計画やマネジメントはできない。このことを踏まえた著者が考える都市計画の専門家に必要な能力は以下の三つである。

〔1〕 **空間を読む力**　空間の歴史を把握し,その場所が有する資源を評価し,その資源を生かすために解決すべき課題をわかりやすく市民に示す力。その際,つぎの二つの視点が求められる。

① 相対化:土地・建物や道路・河川などをそれぞれ単体として捉えるのではなく,周辺地域を含めて全体の最適化をめざす。

② 長期:地域の形成史,いまそして10年後,50年後の空間のあり方を考える。

〔2〕 **制度を活用する力,制度をつくりだす力**　現行の都市計画制度やそれを支える法システムや経済社会システムを理解するとともに,よりよい制度につくり変えていく力である。

〔3〕 **主体性を育む力**　都市そして都市計画は市民のために存在する。市民が都市やまちに誇りをもち,自らが都市やまちづくりの主体であるという感覚を育む力である。また,知恵を出し,そのためには負担も引き受けるという志をもった市民を育み,自治能力を高めていくことが求められる。

1.4　関連する学問分野と本書の構成

自然,人工物,人という物的環境の維持向上を図る「都市計画」の関連分野はきわめて広い。

物理,化学,生物学,地学といった自然科学はもちろん,法律学,政治学,行政学,経済学,財政学,社会学,心理学といった人間科学とも結びついている。福祉や保健・医療とも関連するし,地域のモニタリングや分析のために,統計学の知識も必要となる。

言い換えると，あらゆる学問分野が関連しているということであり，空間という視点から捉えることで都市計画と結びつけて議論することができる。また，都市計画から各専門分野に関心をもち，それぞれの学問分野を深めることも可能である。懐の深い学問であるといえる。

本書は以下，3部構成となっている。

第Ⅰ部：都市を知る（2〜5章）では，空間を読む力の基礎となる都市や地域の全体像について記述する。都市・地域は，「計画」はなくとも自律的に動くものであること，そしてなぜ「計画」が必要かについて述べる。

第Ⅱ部：都市計画を学ぶ（6〜12章）では，現在の都市計画の制度と技術について述べる。わが国の都市計画法における目的，手段，財源，手続などについて記述する。

第Ⅲ部：計画をつくる（13, 14章）では，計画をつくるというプロセスを紹介し，これからの都市計画になにが求められているかについて記述する。

演 習 問 題

〔1.1〕 図書館，郷土資料館，公文書館を利用して，以下のような資料を読み，自分の住んでいるまちの歴史を調べなさい。
・市町村史からの抜き書き（年表）
・小学校や中学校の創立○周年記念誌
・市町村の定期刊行物
・古地図，絵図，沽券図，復元図，名所図会，浮世絵など
・第一軍管地方二万分一迅速測図原図
・地形図：参謀本部陸地測量部，地理調査所，国土地理院
・商工地図，火災保険地図，住宅地図
・その他：地籍図，航空写真，鳥瞰図，絵葉書など

以下の国立国会図書館のサイトも参考になる（2014年2月現在）。
http://rnavi.ndl.go.jp/research_guide/entry/post-314.php

〔1.2〕 文化的景観とはなにか。調べてみよう。

第Ⅰ部

都市を知る

2章 自然と都市の形成

◆本章のテーマ

　自然は人が作り出すことができないものである。自然は人間の意思とは無関係に自律的に挙動するという特徴をもつ。そして，自然，人工物，人が相互に影響を与えあい，環境が形成される。環境形成の蓄積の上に現在の都市そして周辺の農村を含めた地域が存在する。

　本章では，自然と都市の形成について紹介する。

◆本章の構成（キーワード）

2.1　自然
　　　気圏，水圏，地圏，生物圏，生態系，循環，生態系サービス
2.2　都市の形成
　　　みやこ，いち

◆本章を学ぶとマスターできる内容

☞　都市・地域をとりまく気圏・水圏・地圏の三つの圏と循環のしくみ
☞　自然の中における都市の形成過程

```
        経済              組織
                 人間
   社会資本・
   資源エネルギー        自然
```

2.1 自　　　然

人間を含む生物の生存している場所は，気圏，水圏そして地圏の3圏である（**表2.1**）。地球表面の約2/3を占めるのが水圏であり，気圏との間で，温度の変動に伴って，水やさまざまな物質が激しく出入りしている。こうした人間が作り出すことができない自然は，人間の意思とは無関係に自律的に挙動するという特徴をもつ。

表2.1 地球の各部分の体積と質量[1]

		厚さ〔km〕	体積〔10^{27} cm^3〕	平均密度〔g/cm^3〕	質量〔10^{27} g〕	質量比〔％〕
気圏		—	—	—	0.000 005	0.000 09
水圏		3.80	0.001 37	1.03	0.001 41	0.024
地圏	地殻	17	0.008	2.8	0.024	0.4
	マントル	2 883	0.899	4.5	4.106	67.2
	核	3 471	0.175	11.0	1.936	32.4
全地球		6 371	1.083	5.52	5.976	100

厚さは平均。生物圏についてのデータは，質量からみて無視できるし，正確な数値もないので含めていない。

倉坂は，この自律的な挙動を広く**生態系**（ecosystem）と呼んでいる[2]。生態系のさまざまな働きの中には，人間にとって有用なものとそうでないものがある。森林や湖沼，里山などは，資源エネルギーの供給源，不要物・廃熱の吸収源，生活の場の提供というサービス（生態系サービス）をもたらすことから**自然資本**（natural capital）と呼ばれる。一方で，自然には物を腐食させたり，災害を引き起こしたりするなど，人間にとって望ましくない働きもある。

本節では，都市地域の物的環境を構成する自然，そしてそこで行われているさまざまな「循環」について，北野　康『水の科学』[3]を参考に記述する。

2.1.1 気　　　圏

金星や火星にも大気はある。しかし，太陽から適当な距離にある地球だけが，紫外線で水蒸気が分解することもなく，表面温度が15℃であり，液体と

しての水が存在することができた。

　O_2 は大気中に約 21 % 含まれるが，これはすべて光合成生物が生成したものである。私たちがいま生存できるのは，この O_2 があるからであるが，もう一つ忘れてはならないのが上空 12 ～ 35 km にあるオゾン（O_3）層である。O_3 が太陽からの紫外線を効率よく吸収し，地表面にやってくる紫外線を弱めてくれている。オゾン層では紫外線を通じて O_3 の生成と分解が行われているが，人間が合成，使用して大気中に放出したフロンガス 1 個の分子が，数週間で数万個の O_3 を分解し，それまで保たれていた O_3 のバランスを崩すことになった。

　CO_2 濃度は，2011 年時点で 390.9 ppm，大気組成比約 0.04 % であるが，今後 100 年以内に 1.5 倍の 0.06 % になると予想されている。これによって生じる問題が地球温暖化問題や気候変動問題と呼ばれている。ただし，大気に水蒸気と CO_2 が存在しないと，地球の平均気温は -18 ℃ になることは理解しておく必要がある（章末の演習問題〔2.1〕参照）。

2.1.2　水　　　圏

　地球上の水の 97.2 % を占めているのは海水である。海水の平均深度は富士山の高さを超え約 3 800 m にもなる。そのつぎに多いのは，南極や北極，山岳にある氷河や氷床であり，約 2.15 % を占める。南極の氷が全部溶けると，地球表面の水位は約 50 m 上昇するといわれている。

　また，大気中の水蒸気の量は，地球に存在する水の約 0.001 % である。太陽や地球の火山活動などを通じて蒸発，蒸散し，大気に供給され，約 10 日間大気中に滞留した後，雨や雪となって降水する。海上も含めた全地球表面の 1 年間の平均降水量は約 1 000 mm である。陸上に降水した水は，最終的に河川を通じて海に流れる。それぞれの位置での水量や平均滞留時間を**表 2.2** に示す。この表からもわかるように，河川における水の量は，地球に存在する水のわずか 0.000 1 % である。地下水，湖沼水などを加えても 1 % に満たない。こうしたわずかの水を利用して人間の生活が営まれている（図 2.1）。これは地球上の壮大かつ速やかな水循環のおかげである。

2.1 自然

表2.2 水の分布と平均滞留時間[4]

位置	水量〔L〕	比率〔%〕	平均滞留時間
淡水湖	125×10^{15}	0.009	10年
塩水湖および内陸海	104×10^{15}	0.008	
河川水	1.1×10^{15}	0.0001	2週間
懸垂水(土壌湿気含む)	66.6×10^{15}	0.005	2〜50週間?
深度800m以浅の地下水	4200×10^{15}	0.31	10000年
深度800m以深の地下水	4200×10^{15}	0.31	(数時間〜100000年)
万年水および氷河	29000×10^{15}	2.15	15000年
大気	12.9×10^{15}	0.001	10日
海洋	1319800×10^{15}	97.2	4000年

懸垂水とは,土壌水中,土壌粒子に結合した結合水を除く自由水のうちで,植物が根から吸い上げることの可能な有効水分をいう。

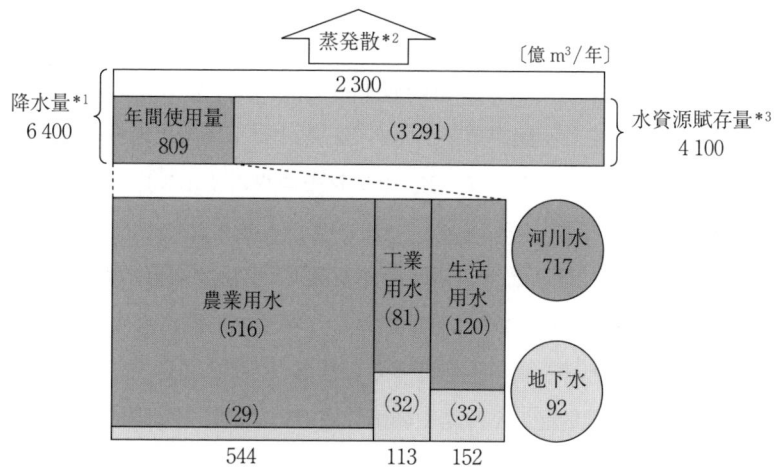

- *1 降水量は1981〜2010年のデータをもとに国土交通省水資源部が算出。平均年降水量(1690mm/年)に国土面積(378千km²)を乗じた値。
- *2 単位面積当りの蒸発散量は,全国平均で601mm/年となる。
- *3 水資源賦存量は,理論上,人間が最大限利用可能な量をいう。1981〜2010年のデータをもとに国土交通省水資源部が算出。
- 注1:国土交通省水資源部作成。
- 注2:生活用水,工業用水で使用された水は2011年の値で,国土交通省水資源部調べ。
- 注3:農業用水における河川水は2011年の値で,国土交通省水資源部調べ。地下水は農林水産省「第5回農業用地下水利用実態調査」(2008年度調査)による。
- 注4:四捨五入の関係で合計が合わないことがある。

出典:国土交通省水管理・国土保全局水資源部ウェブサイト,日本の水収支より作成,
http://www.mlit.go.jp/tochimizushigen/mizsei/c_actual/actual01.html (2018年1月現在)

図2.1 日本の水資源賦存量と使用量

2.1.3 地　　　圏

　地球は，およそ半径6 370 km，地殻，マントルおよび核の3層からできている。私たちの住んでいるところは地殻であり，その厚さはわずか20 kmほどである。最も内部にある地核は，高温の金属でできており，この熱により岩石でできているマントルが対流していると考えられている。その速度は約5 cm/年であり，太平洋を横断するのに約2億年を要する。マントルが冷えてできたプレート同士がぶつかりあったり，引きずり込まれたりして生じるひずみが解消するときに引き起こされるのが地震である。

　日本は太平洋プレート，北米プレート，ユーラシアプレート，フィリピン海プレートの四つのプレートが折り重なる場所に位置している。

　地表を覆っているのは土壌である。岩石の風化生成物である粘土と動植物の腐朽生成物の混合体であり，大量の微生物が生存している。生物を育てるのは，礫や砂ではなく，土壌中の粘土である。粘土はケイ酸塩岩石のきわめて細かい粒子であり，水と接触してNH_4^+（アンモニウムイオン）を吸着する一方で，表面にゆるく吸着しているNa^+（ナトリウムイオン）やCa^{2+}（カルシウムイオン）を水中に吐き出す（陽イオン交換）。植物は粘土に吸着したNH_4^+を取り入れ，生長過程で徐々に使っている。粘土の形成にも水が不可欠であり，水なくしては地球生物の生存は考えられないのである。

　岩石は，水の化学的能力や凍結や豪雨，波浪，津波など物理的作用により，劣化，崩壊する。微生物の活動によっても劣化する。その結果，石像などの文化財が被害を受ける。

　川の流域では，岩石を構成する長石からCa^{2+}やMg^{2+}が水に溶出し，長石が粘土に変質する。そしてこれらの濃度が高い河川の流域ほど粘土生産量が多くなり，山が崩れやすくなることがわかっている[3]。

　地盤運動，火山活動，風，波，そして河川が地形をつくる（地形作用力）。地形は標高と起伏の大きい山地，河や海から一段高いところにある卓状の段丘あるいは台地，河口付近に土砂が堆積してできた低く平らな三角州などに分けられる。われわれは地形から風景を感じ取っている。

2.1 自　　　　然

　地形形成力は，大雨，台風，地震，噴火などの災害時に特に強く働く。大雨時に山崩れや土石流が起こると多量の土砂の移動が生じる。河川の洪水流は山地内の土砂を運搬し，平野内や河口部に堆積させる。台風による高波は砂浜の地形を大きく変化させる。強い地震は地表に断層ずれを起こしたり，山崩れや土石流によって山の形を一変させたりする。火山の噴火は火山灰の降下，火砕流，溶岩流等いろいろな形で噴出物質の移動と堆積をもたらす。すなわち，災害の繰返しによって地形が造り上げられてきた。また，現在の地形とそれを構成する地層から，過去の災害の履歴を知ることができるとともに，今後起こる災害の危険度や危険域のおおよそも推定できる。

2.1.4　生物圏（生態系）

　環境の変化に対して反応する能力をもつのが生物である。地球で生物が誕生したのは，水深 50 ～ 100 m の海水中だと考えられている。約 30 億年前に，海水中で光合成を行う藻（バクテリア）が誕生し，H_2O（水）と CO_2（二酸化炭素）から O_2（酸素）が生成された。O_2 が海水中に溶けきったあと，大気中に出てきて，それが O_3（オゾン）を生成し，これによって太陽からの紫外線が弱められる。ようやく約 4 億 2 千年前に植物が陸上で生活できるようになり，森林が形成され，大気の約 21 % を O_2 にしてくれた。

　生物は，自己増殖，自然淘汰と突然変異の過程を通じて進化してきた。植物から遅れて陸上に上がった動物では，霊長類が約 8 500 万年前に誕生し，現在まで生きている人類（ホモサピエンス）は 25 万年前に誕生したといわれている。

　そして河川流域では，例えば**図 2.2** のような生態系がつくられてきた。わが国では，春から夏において植物が光合成により生物生産し，虫が発生し，鳥や魚介類が子育てを行う。冬は多くの生き物が死に，あるいは植物は体の一部を落とし，それが土壌のデトリクス（植物が死亡，分解してできる有機物の破片）を蓄積する。そして，ときには台風や火山噴火などの**自然攪乱**（natural disturbance）や，開発や利用による**人為攪乱**（anthropogenic disturbance）が

2. 自然と都市の形成

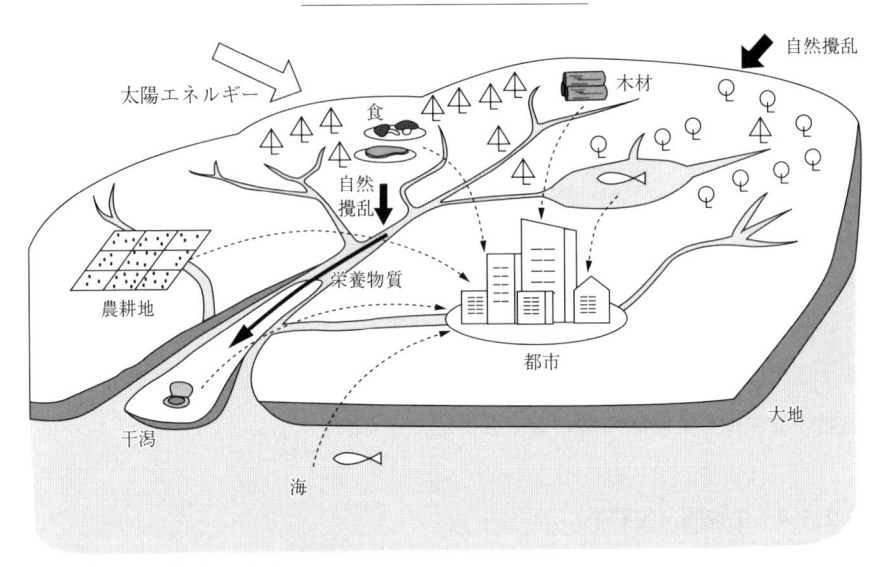

山（森）：ブナ林・深い土壌
↓
川：水・土砂・落葉・デトリタス（生物や微生物の遺体，有機物粒子など）
↓
草原・農耕地・湖沼（里）：田は稚魚のゆりかご，里山は適度な間伐・林床の掃除が不可欠。獣による被害（シカ・イノシシ・アライグマなど）が生じている。放置しても生態系がもとにもどるわけではない。
↓
都市・海

図2.2 流域の生態系の構造イメージ[5]

生じている。

　生態系によって提供される多くの資源とプロセスから得られる利益は，まとめて**生態系サービス**（ecosystem service）と呼ばれている。生態系サービスにはつぎの五つがある。

　① 供給：食品や水といったものの生産・提供
　② 調整：気候などの制御・調節
　③ 文化：レクリエーションなど精神的・文化的利益
　④ 基盤：栄養循環や光合成による酸素の供給
　⑤ 保全：多様性を維持し，不慮の出来事から環境を保全すること

また，人間も自然に働きかけ，その変化にも影響を与えている。例えば現在，農地や放牧地の開発，木炭生産や鉱物資源開発などの人間活動により，森林は年0.3％程度の速度で急速に失われている。特に途上国での減少率が高い。

コラム

生物としての人間

呼吸：1分間に12～20回の頻度で呼吸を行い，1回で450～500 ml の空気の吸息と呼息を無意識のうちに周期的に繰り返している。1日1.5～2万Lもの空気が体内に取り込まれる。体内に取り込まれる物質の8割以上が空気（体積ベース）であり，食物，飲料は15％程度である。

水：人間の体は60％が水である。成人は，毎日約2.5 L の水を体内に取り込んでいる。内訳は，飲み水として約1.2 L，食物中の水で1.0 L，そして食物の体内酸化により0.3 L である。そして尿として1.4 L，大便0.4 L，汗と呼吸により0.7 L を排出する。体内の水は約2週間で入れ替わっており，死ぬまでに約6万Lの水を摂取，排出している。

食料：必要量1人1日当り2 000～2 500 kcal，1.3～1.4 kg である。先進国では過剰摂取から生活習慣病など健康影響も生じている一方で，途上国において低栄養状態の人びとが8億人以上もいることは忘れてはならない。

2.2 都市の形成

最初に，網野善彦，司 修：『河原にできた中世の町』[6]の一節を引用する。

「だれも人のいない野原を，川は静かに流れます。川はだれのものでもありません。川も美しい虹も，だれもつくったものでもない自然そのものなのです。

　人の生活がはじまります。人の力の及ばない世界と人の住む世界，中州や河原はその二つの世界の境にあると考えられていました。そこは，あの世とこの世の境でもありました。そして虹は二つの世界を結ぶ懸け橋でした。」
(pp.2～5)

「町は建てては焼け，焼けては建て直されました。人も家もふえつづけ，多くの川は道の下を流れる下水となってしまいました。河原はビルの立ち並ぶ大都市になったのです。

町を流れて海にそそぐ川には，また中州ができます。むかしとちがい，それはもうだれかの持ち物かもしれません。でも，そこで元気に遊ぶ子どもたちを見おろして，大きく美しい虹がかかりました。自然がほんとうは誰のものでもないことを，わたしたちに語りかけるように」(pp. 40～43)

「人間は，いまや自然を深く知り，その巨大な力を開発するようになりました。それが大都市の発展を生み出したことはいうまでもありません。しかしその力は，うっかりすると人間自身を滅ぼしかねないほどに大きくなってしまったのです。自然を開発して前に進もうとする本性，自然の美しさを知り，そのはかり知れない深さを大切にしようとする本性，これからのわたしたちは，自分たちの2つの本性をよくみきわめながら，進んでいかなければならない，とわたしたちは考えています」(p. 51).

都市は「都＝みやこ」と「市＝いち」の二つの漢字から構成される。

「都＝みやこ」は，国家・政治・権力の中心であり，古代，王政が神から権力を授かるという宇宙観，宗教と儀礼様式に支えられ，神殿や宮殿を中心に碁盤型や軍事都市のかたちをもつ都市がつくられた。中世になり，わが国では経済力を蓄えた宗徒集団によって自治と自衛性をもった寺内町などがつくられるが，ヨーロッパと異なり，この時代になっても城壁はほとんど建設されなかった。戦国時代になり，武士が権力をもつようになると城下町がつくられる。城下町は，つぎのような特徴をもつ。

- 河川や背後山稜など自然地形をもとに防護の適地を選定し，用水を確保する。
- 市街地外郭に，河川などを利用した外堀や軍事拠点となる寺院群を配置し，防衛線を敷く。
- 街路網は，防衛のために，細く迷路のように屈折させた。
- ヨーロッパの中世都市における教会の鐘楼と同様に，石垣と内堀で囲んでつくられた天守閣をランドマークとした。
- 市街地の大部分は武家地であり，町人は数分の1で密集して居住した。

2.2 都市の形成

　現在，人口10万以上の都市の多くは城下町を起源とする．大火，戦災また開発により，建物や道路などは大きく変化している都市も多いが，当時町人地だった場所が現在でもその都市の中心街としての機能を保っていたり，城下町時代からの祭りや風習を残していたりといった形で，当時の痕跡が数多く残っている．

　「市＝いち」は，中州や河原で成立した[7]．古代，川の中州や河原，また集落と集落の境界は，人の力の及ばない自然の世界と人の住む世界という二つの世界の境，そしてあの世とこの世の境と考えられていた．神や仏の力の及ぶ，日常の結びつきから離れた場所であり，物を交換しても人と物，人と人の関係は切れているため，こうした場所を市場としたと考えられている．市が開かれるときには，神を呼び出し，喜ばせるための踊りや芸能が行われた．その芸能に対してよせられた人びとの米や銭は，神や仏のものとして，貧しい人びとに施された．

　鎌倉時代までの商人や職人は，市から市へ旅をして生活していた．このころには日本列島を船で回る廻船のルートもでき，また大陸との行き来も活発になされていた．宗教や芸能に携わる人たちもみな旅をしながら生活をしていた．女性も多く，また，罪を犯して牢獄に入り釈放された人，身体が不自由な人，ハンセン病になった人たちなど多様な人びとが旅をした．

　鎌倉時代末期，売る場所（座）が決まった市がみられるようになる．そして南北朝時代から室町時代にかけて，河原に商人や職人が住みつくようになる．金貸しの土蔵や，上流から流れてくる材木を扱う木屋もでき，新しい家がつぎつぎに建てられた（まちの誕生）．

　川と陸（河原・中州），海と陸（湊）そして集落と集落といった「境界」が神聖な場所とされ，神がまつられ，またそこで「にわ」などとして交流の場が形成され，その一部が市庭として，ものや人がつねに交流する場となり，資本が蓄積し，さらに大きな地域単位を形成していったと考えられる．

> コラム

ヨーロッパにおける都市の形成

　一方，ヨーロッパでは，日本とは雨量や土壌が異なり，稲作ではなく麦を中心とした農耕そして牧畜が発達した。徐々に，食糧の計画的な生産，増産，貯蔵（自然への畏敬，農業生産の安定，集団における儀礼，風習，土地への信仰と空間の場の意識の醸成）がなされるようになり，余剰生産物と余力が発生する。その結果，定住化と祭礼をつかさどる専門家集団が登場する。さらに余剰生産物の増加がすすむと，支配層が生まれ，民族・耕地・用水の支配のための政治，軍事権力の集中がなされる。

　この統治・支配拠点として都市が発生し，交易の拠点となる。同時に余剰生産物をめぐる争いも多発する。その代表的な都市が，紀元前2000年ごろに成立したバビロンである。内部が4 km^2，中心部は王や聖職者が利用した。モニュメントとしてのジクラート，神殿倉庫と書庫などが配置された。

　日本と異なり比較的平坦な地形から城壁がつくられ，都市の境界が明確なのがヨーロッパの都市の特徴である。そして都市の拡大は，古い城壁の外側に新たな城壁を築き，内側の城壁は取り壊され，（環状）道路となった。

　アテネは古代ギリシャの都市である。人口規模は数万人程度。小高い丘の上にパルテノン神殿で有名なアクロポリス（都市を守護する神々の居所），中心部に人びとが集まるアゴラ（広場）がおかれ，政治論議，衆議裁判，情報交換がなされた。アゴラを取り巻いて，学問所，競技場，市場等の公共空間から文学，芸能，美術，建築等が発展した。記述は省略するが，ローマも古代都市として有名である。

　その後，キリスト教が普及すると，都市の中央に主聖堂と中央広場（市庁舎，ギルドホール，市場，宿屋など）が配置されるようになる。城壁は防御の機能を果たし，戦争になると農民は城内に入って敵と戦った。城壁内は高密し，道は商い，作業場，おしゃべり，憩いの場となっていた。14, 15世紀にペストの蔓延，不作などによる人口減少や階級対立などが生じた。

　その後，ルネッサンス（ヒューマニティ（人間らしさ）志向と端正な古典的秩序を融合させた芸術志向）また活版印刷術，羅針盤，火薬の発明を経て，バロック様式が取り入れられる。放射状に伸び広がる壮大な道路とその公転となる壮麗な広場，そしてそれらの空間をつくりだす整然とした建築群，職能が誕生する。

　16, 17世紀は，絶対王政がすすみ，政治的，軍事的あるいは教育的理想を実現するため「理想都市」が議論されるようになる。オスマンは，道路・河川

ともに非衛生的だったパリに光と風を入れることを主目的として、幅員の広い大通り、街区の内側に中庭を設けて緑化を行う大改造を実施した。スラムの排除も伴い、近代都市計画・建築に大きな影響を与えた。

演習問題

[2.1] 地球のエネルギー収支と表面温度

地球表面の温度はエネルギーの流入と流出のバランスで決まる。ここでは地球全体を平均化した簡単なエネルギー収支から地表温度を計算してみよう。

大気圏外で太陽に正対する単位面積が、単位時間当りに受ける太陽エネルギーを太陽定数（So = 1.37 kW/m^2）という。このうち、地表面による太陽光の反射分を差し引いて、地球の投影面積を掛けると地球が受け取る太陽エネルギーが求められる。地表付近に流入するエネルギーには地熱や化石燃料燃焼といった人間活動に基づくものもあるが、現在のところ太陽エネルギー（1.78×10^{17} W）がきわめて大きいためそれらは無視できる（地熱 3.2×10^{13} W、化石燃料の燃焼 1×10^{13} W）。したがって、地球表面への全流入エネルギー E_{in} は

$$E_{in} = \pi \cdot R^2 \cdot So \cdot (1 - A) \tag{2.1}$$

となる。ここで、R は地球半径（約 6 350 km、より正確には赤道半径が 6 378.137 km、極半径が 6 356.752 km）、A は太陽光に対する反射率（アルベド：約 0.3）である。一方、地球からのエネルギー流出（E_{out}）は地球放射のみと考えてよい。シュテファン–ボルツマンの法則によれば、物体からの放射エネルギーは温度の 4 乗に比例し、以下のようになる。

$$E_{out} = 4\pi \cdot R^2 \cdot \varepsilon \cdot \sigma \cdot Ts^4 \tag{2.2}$$

ここで、Ts は、地表の平均温度（K）、σ はシュテファン–ボルツマン定数（5.67×10^{-8} W/(m^2·K^4)）、ε は赤外線の地表面から宇宙空間への放出割合である。ここで重要なのは、赤外線の地表面から宇宙空間への放出割合である。大気を通り抜けた太陽からの放射は地表に吸収されるが、地表から放出される赤外線の一部は大気に吸収され、すべてが宇宙空間に放出されない。これは温室のガラスは光線を通すが、内部の熱を逃がさないために保温効果があるということと同じであり、温室効果と呼ばれる。この温室効果により、赤外線の地表面から宇宙空間への放出割合は 1 より小さい。CO_2 やメタンなど温室効果ガスが増加すると、温室効果が高くなり、放出割合が低下する。

地表でのエネルギー収支は均衡している（$E_\text{in}=E_\text{out}$）ため以下の関係式が成立する。

$$\text{Ts}^4 = \text{So}\cdot(1-\text{A})/(4\varepsilon\cdot\sigma) \tag{2.3}$$

はじめに，地球に温室効果がない場合（$\varepsilon=1.0$）を仮定して計算してみよう。単位に注意して各数値を(2.3)式に代入すると，平均温度 Ts = ① K（ ② ℃）が得られる。現実には温室効果により，$\varepsilon=0.6$ 程度であるので，Ts = ③ K（ ④ ℃）となる（0 ℃ = 273.15 K）。最後に，温室効果ガスが増加して ε が 0.59 に低下したら平均気温はどうなるであろうか。このとき Ts = ⑤ K となり，平均温度は ⑥ K 上昇することになる。これが「温暖化」の基本的構造である。

田中俊逸，竹内浩士：『地球の大気と環境』[8] をもとに作成。

〔**2.2**〕 「ヒートアイランド現象」，「ゲリラ豪雨」について調べるとともに，「流域治水」という考え方について調べ，都市・地域計画との関連について考えなさい。

〔**2.3**〕 都市の歴史に関する本を読み，① 友人に勧める，② 批判する，という観点からそれぞれ A4 用紙 1 枚で要約せよ。例えば，引用・参考文献の「さらに学びたい人へ」にあげた歴史，理想都市，欧米の都市計画，特定都市の都市計画の関連書籍がある。

3章 人間：活動と組織

◆本章のテーマ

　人間も生物であり，自然の一部である。では他の生物と人間との違いはなんだろうか。

　自然に積極的に働きかけ，人工物をつくったり，自然を改変したりする，自分たちでルール（制度）をつくる，家族だけではなく，企業や政府といった組織をつくる，などがあげられる。

　本章では，人間の活動，組織そして組織の一つである政府について整理する。

◆本章の構成（キーワード）

3.1　活動
　　　欲求，立地，土地利用，外部性
3.2　組織
　　　NPO，家族，経済主体，居住地コミュニティ，共助
3.3　国家と政府
　　　国家，人権，政府，地方公共団体，行政事務

◆本章を学ぶとマスターできる内容

☞　人間の活動はなにから生まれ，どのようなものか
☞　さまざまな組織と組織の一つである政府の構成とその意味

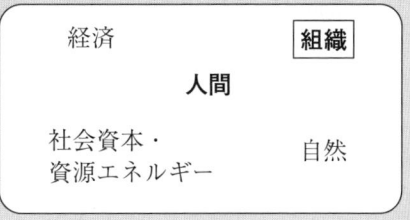

```
         経済                    組織
                     人間
      社会資本・                  自然
      資源エネルギー
```

3.1 活動

3.1.1 活動と欲求

人間は，さまざまなモノやサービスを生産し，消費するといった経済活動，また政治，芸術，スポーツなどの社会・文化活動を行っている。移動やモノの輸送，また自然の手入れという活動も行っている（**図3.1**参照）。

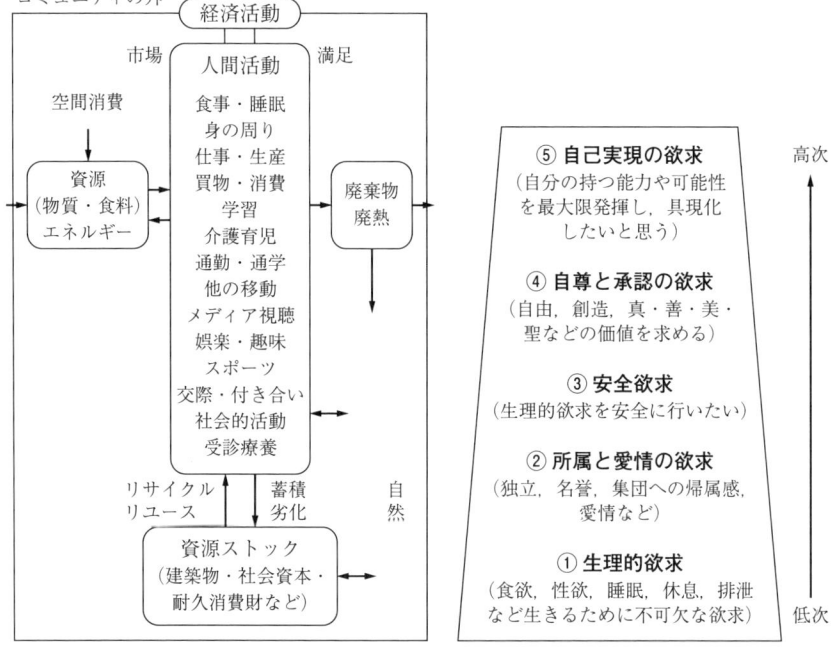

図3.1 さまざまな人間の活動

図3.2 マズローの欲求段階説

活動は**欲求**（desire）から生まれる。社会心理学者アブラハム・マズロー（Abraham Harold Maslow, 1908～1970年）は，この欲求は**図3.2**に示す五つの段階からなり，低次の欲求が満たされることによって，つぎの段階の欲求が芽生え，それを満たすために活動すると考えた。

3.1 活　　動

人は財・サービスの生産や消費といった活動を通じて，生活環境（自然，人工，人間のすべてを含む環境）に適応し，欲求を充足しようとする。しかし，すべての欲求が満たされるわけではない。どの欲求を優先すべきかについて葛藤し，悩み，他者と相談し，納得できる目標や解決策を考えながら生きている。

国民の生活時間の配分および自由時間におけるおもな活動について調査する目的で，総務省が5年ごとに行っている「社会生活基本調査」では，人間の1日の活動は一次から三次に分けられている（**表3.1**）。

表3.1 社会生活基本調査における人間の活動分類

名称	内　容	具体的な活動
一次	睡眠，食事など生理的に必要な活動	睡眠，身の周りの用事，食事
二次	仕事，家事など社会生活を営むうえで義務的な性格の強い活動	通勤・通学，仕事（収入を伴う仕事），学業（学生が学校の授業やそれに関連して行う学習活動），家事，介護・看護（入浴・屋内の移動・食事等の手助け），育児，買い物
三次	一次二次以外の各人が自由に使える活動	移動（「通勤・通学」を除く），テレビ・ラジオ・新聞・雑誌，休養・くつろぎ，学習・研究（「学業」以外），趣味・娯楽，スポーツ，ボランティア活動・社会参加活動，交際・付き合い，受診・療養，その他

人間の活動のうち，移動や趣味・娯楽，身の周りの用事，休養・くつろぎの時間は増加する一方で，睡眠や仕事の時間が減少している。

国土交通省が行っている三大都市圏における鉄道，バスなどの大量公共輸送機関の利用実態調査である大都市交通センサスによると，東京圏では片道90分以上を要する通勤・通学者の割合は20％近い。NHKが行っている国民生活時間調査でみても，東京圏は地方圏よりも通勤・通学時間は平均30分程度長い。この長さは睡眠時間を削ることで調整されている。

また，夫婦の帰宅時刻を調べた内閣府の調査（2005年）によると，午後6時までに帰宅している夫の割合は，スウェーデン・ストックホルムの70.9％に対して，東京ではわずか6.8％であり，1週間に家族全員で夕食をとる回数は，パリは平均5回，毎日家族全員で夕食をとっている人は半数近いのに対し，東京では平均3.4回，毎日家族全員で夕食をとっている人は2割を満たない。

> **コラム**
>
> **人間の心理的傾向**
> 　人間は，近い将来は気にするが，遠い将来まで見通す能力は乏しい。また，① 他者に与える影響を低く評価する傾向，② きわめて小さいリスクは無視する傾向，③ 失敗を外部環境のせいにする傾向がある。すなわち，われわれは，失敗しない完全無欠な存在ではなく，限られた情報，知識，技術，社会構造そして環境のもとで，できるだけ満足を高めようとして活動する存在である。

3.1.2　立　　　地

　ここまでは1日の中での活動について考えたが，それに大きな影響を及ぼすのが，都市における土地の状態や用途（**土地利用**（land use））である。この土地利用を決めるのが**立地**（location）という活動である。どこにどんな住宅をたてるか（住宅立地），どこにどんな工場，オフィス，商業施設をつくるか（産業立地）という活動の結果として土地利用が決まる。例として，千葉県市川市の土地利用現況を**図3.3**に示す。

　立地は，地形や河川・海岸などの自然的な要因のみならず，道路や鉄道などの交通機関や学校や病院などの生活利便施設などの規模，配置や料金，混雑度などのサービス水準といった経済社会的な要因によって決まる。工場でいえば，生産に必要な原材料や労働力の調達のしやすさ，また，生産した品物が消費される場所への近さといった立地条件が重要である。住宅においては，災害や犯罪が少ないこと，通勤・通学のしやすさ，買物の利便性，公園や緑地が多いこと，多様な学習・教育機会が用意されていることなどが立地条件となる。

　どのような施設がどれくらいの人口規模で立地しているかを**図3.4**に示す。

　土地はつながっており，ある場所における土地利用が周辺の土地利用に影響を及ぼす。これを**外部性**（externalities）という。例えば，郊外に道路ができるとその沿道に多くの商業施設が立地するが，これは道路という土地利用によって沿道の土地における商業立地の魅力が高まったために生じる現象である。また，交通施設は場所と場所の距離を縮める。例えば，鉄道の開通によっ

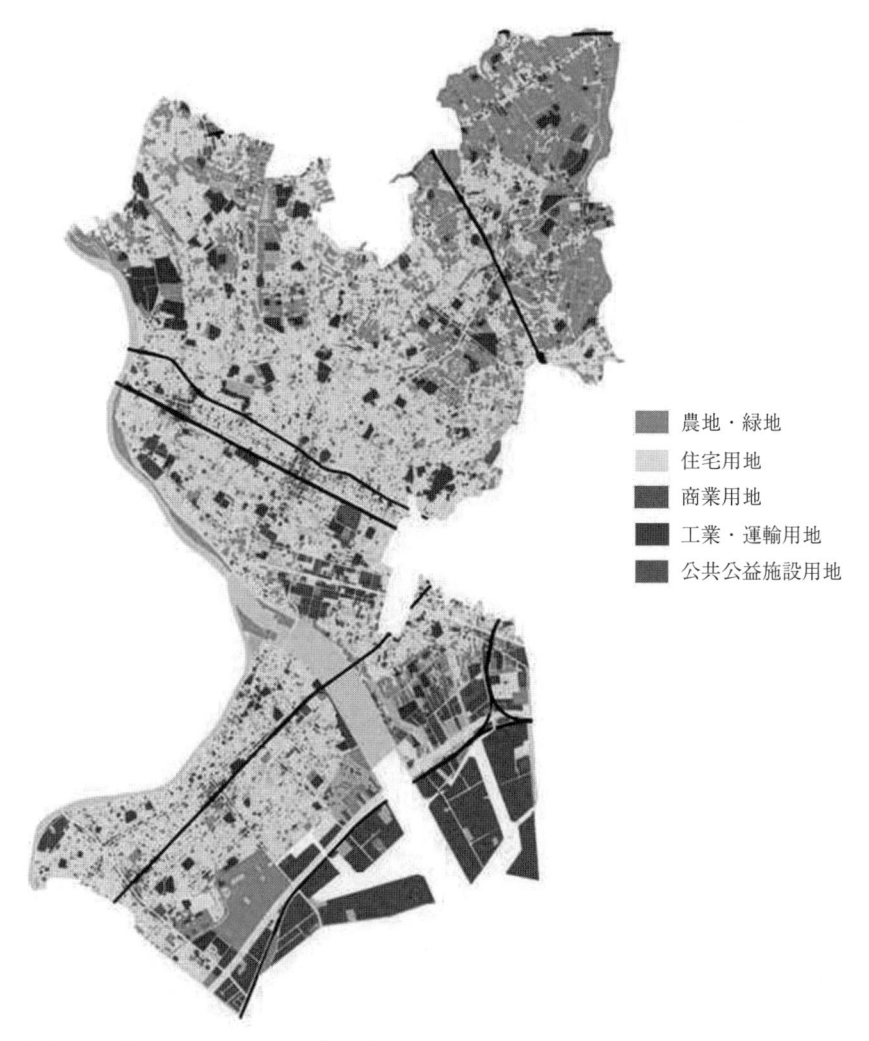

凡例:
- 農地・緑地
- 住宅用地
- 商業用地
- 工業・運輸用地
- 公共公益施設用地

参考：http://www.city.ichikawa.lg.jp/cit01/1111000041.html（2018年3月現在）

図 3.3　千葉県市川市の土地利用現況

て都心まで通勤・通学することが可能になるエリアが拡大する。これにより例えば，都心にあった事務所はより優秀な社員を確保しやすくなったり，郊外の居住者もより高い所得を得る機会が得られたりする。

　各立地主体（工場主や世帯）は，多数の選択肢から一番高い満足（企業でい

3. 人間：活動と組織

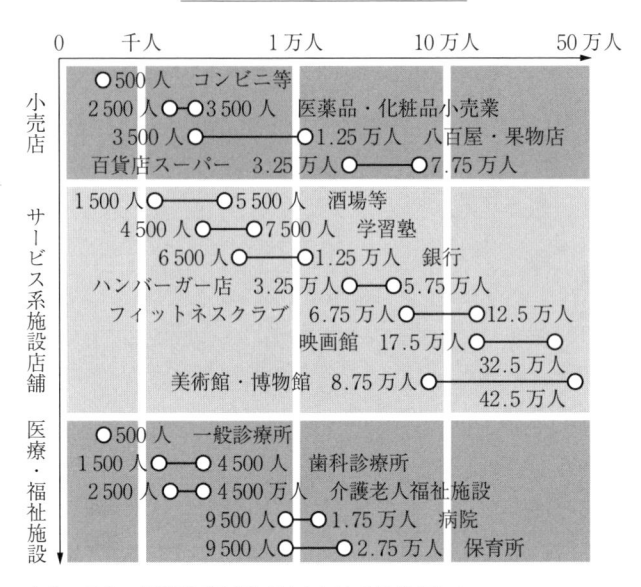

```
          0    千人      1万人       10万人    50万人
小売店  ○500人  コンビニ等
        2 500人○──○3 500人  医薬品・化粧品小売業
        3 500人○────○1.25万人  八百屋・果物店
        百貨店・スーパー  3.25万人○────○7.75万人

サービス系施設店舗
        1 500人○────○5 500人  酒場等
        4 500人○──○7 500人  学習塾
        6 500人○────○1.25万人  銀行
        ハンバーガー店  3.25万人○────○5.75万人
        フィットネスクラブ  6.75万人○────○12.5万人
        映画館  17.5万人○────○32.5万人
        美術館・博物館  8.75万人○────○42.5万人

医療・福祉施設
        ○500人  一般診療所
        1 500人○──○4 500人  歯科診療所
        2 500人○──○4 500万人  介護老人福祉施設
        9 500人○──○1.75万人  病院
        9 500人○──○2.75万人  保育所
```

出典：国土の長期計画展望資料より国土交通省が作成

図 3.4 施設別の市町村に立地する確率が
50％および80％を超える人口規模

えば、収入から費用を引いた利潤）が得られるであろうと判断した場所に立地しようとするであろう。また、立地に合わせて規模（建物の高さや広さ）やタイプ（例えば、集合住宅か戸建住宅か）も選択される。

産業の立地については、規模の経済、範囲の経済、集積の経済、都市化の経済と呼ばれる企業や業種の数が増えることで、製品やサービスを安く供給でき、その結果、利益率が高まること（**表 3.2**）が大きくかかわる。都市規模の拡大は、集積の経済や都市化の経済により説明されることが多い。

表 3.2 規模の経済、範囲の経済、集積の経済、都市化の経済

名　称	企業数*	業種数*	利益率が高まる理由
規模の経済	1	1	生産量の増大。同じ意味で規模に関する収穫逓増、費用逓減といわれる。
範囲の経済	1	N	一つの企業が複数業種の事業活動を行うこと。
集積の経済	N	1	多数の企業が集中して立地すること。
都市化の経済	N	N	多数の企業そして複数業種の事業活動を行うこと。

＊　Nは2以上の整数

立地と同時に，その場所の土地や建物の価格も決まる。当然，安全性や利便性が高いところは価格が高く，逆に騒音がうるさい，大気の質が悪いといった立地する魅力の小さいところは価格が安くなる。言い換えると，価格はその場所の魅力度を代表する一つの値である。

コラム

日本の住宅事情と所有者不明土地問題

住宅：5 400万世帯に対し，総住宅戸数は6 240万戸あり，うち空き家は849万戸（空き家率：13.6 %）である。持ち家は約61 %，共同住宅は約39 %，築40年以上の住宅は約21 %である。また，高齢者単身世帯の33.5 %が借家で暮らしている（総務省 平成30年土地・住宅統計調査）。

土地：所有者不明土地は，2016年現在，九州の面積より大きい410万haあると推定されている（所有者不明土地問題研究会）。公共事業が停滞したり土地が荒廃したりするなどの問題が生じる。所有者不明土地が生じる原因は，登記（所有者を登録すること）が義務ではなく，かつ登録免許税・登記簿謄本代などがかかるためである。相続時また売買の際，登記が行われない土地が増加している。

3.2　組　　　織

個人では成し遂げられない目標や意思を達成するために，複数の人間によってつくられるのが**組織**（organization）である。ただ単に人がたくさんいるという集団や群衆とは異なる。組織では指揮・管理と役割分担が定められ，継続的な結合が維持されている。

組織は，公的組織（政府：国・地方公共団体）と民間組織（私法人・私人）に分類され，民間組織はさらに営利組織と非営利組織に大別される。営利組織とは，組織が経済活動によって得た利益を構成員へ分配することを目的とした組織で，その典型は企業である。非営利組織は，広く社会の公益に資すること

を目的とする公益団体(環境保全活動を行う団体や大学など)と組織の構成員の利益に資することを目的とする共益団体(サークル,共同組合)に分類される。**NPO**(not for profit organization, **非営利団体**)は,公益団体に位置づけられる。以下,代表的な組織である家族,経済主体,居住地コミュニティについて述べる。

- **家　　族**:共益団体の最小単位であり,「産み,産まれる」のかかわりの中から生じた親と子の絆によってつながっている血縁集団を基礎とした最も身近な組織。経済的利益や自発的な意思で形成されたものではない。また,似た言葉に**世帯**(household)がある。世帯は,同居親族+同居非親族(使用人なども含む)からなる家計,消費単位をいう。なお,一般世帯の1世帯当り人員は,年々減少しており,2016年時点で2.47人である(厚生労働省「国民生活基礎調査」)。
- **経済主体**(economic agent):法律や商慣習といった一定のルールに従って行われるお金とモノ(財),サービスのやり取りである経済活動(4章で詳しく述べる)を自主的に行う単位(組織)を経済主体と呼び,企業,家計,政府の三つの主体に大きく分けられる(**表3.3**)。

表3.3　経済主体

主　体	説　明
企業(生産活動の主体)	家計から労働力や資本を手に入れ,土地や人的資本である技術や知識を用いて,財・サービスを生産し,代金を得る。代金には企業のもうけ(利潤)が含まれる。利潤の増大を図るために,研究開発に取り組み,社会生活の向上に貢献してきた。また,企業は単に利潤の追求だけでなく,長期的に安定した事業を進めるためには信用が必要であり,雇用を通じた生活の安定,循環型社会や地域社会の伝統や文化の活性化への貢献といった社会的責任を負う。
家計(消費活動の主体)	企業に労働力や資本を提供し,賃金・配当を受けとり,財・サービスを消費し,労働力を再生産する。経済学では,家計は消費から得られる満足(効用)を最大にするように行動すると仮定される。
政府(生産と消費を調整する主体)	家計や企業から租税を集め,家計に社会保障,企業に補助金を与えるなど政府サービスも生産する。政策を企画・実施する。政府のお金の流れを財政と呼ぶ(財政については4章で述べる)。

3.2 組織

居住地コミュニティ (community)：あるまとまった地域に居住し，その地域社会の構成員となり，協同で環境の管理，子育て，教育，福祉等の増進などを行い，日常的な人間関係を築いている組織のこと（**図 3.5**）。

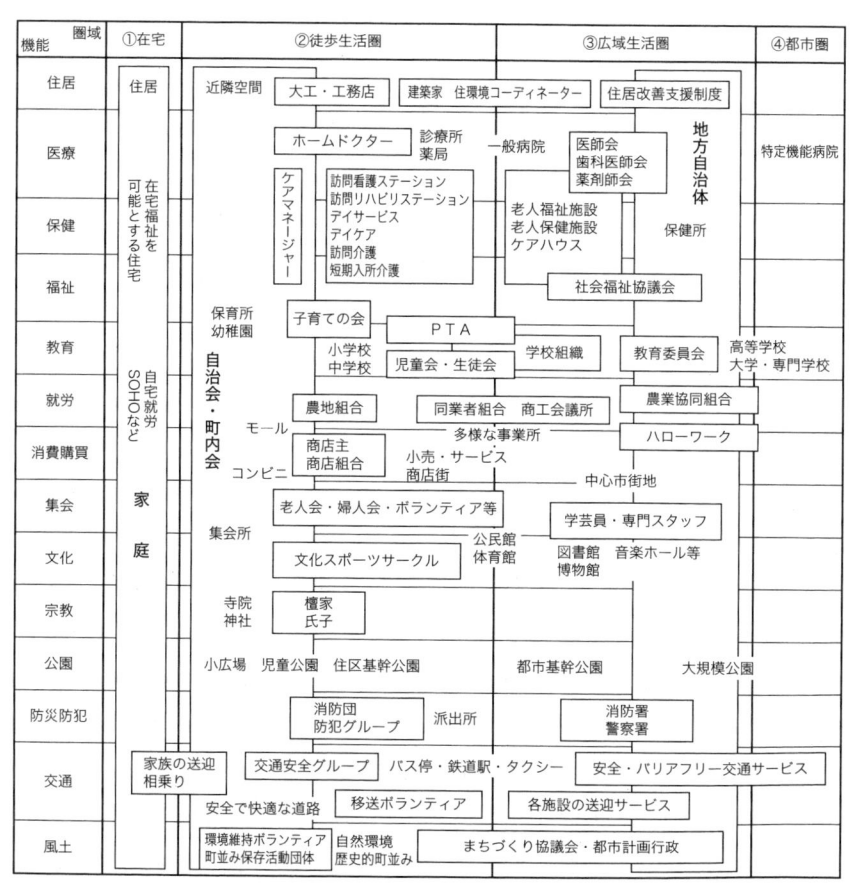

機能＼圏域	①在宅	②徒歩生活圏		③広域生活圏		④都市圏
住居	住居 在宅福祉を可能とする住宅	近隣空間	大工・工務店 建築家 住環境コーディネーター	住居改善支援制度	地方自治体	
医療			ホームドクター	診療所 薬局 一般病院	医師会 歯科医師会 薬剤師会	特定機能病院
保健			ケアマネージャー	訪問看護ステーション 訪問リハビリステーション デイサービス デイケア 訪問介護 短期入所介護	老人福祉施設 老人保健施設 ケアハウス	保健所
福祉					社会福祉協議会	
教育		保育所 幼稚園	子育ての会 小学校 中学校	PTA 児童会・生徒会	学校組織 教育委員会	高等学校 大学・専門学校
就労	自宅就労 SOHOなど	自治会・町内会	農地組合	同業者組合 商工会議所	農業協同組合 ハローワーク	
消費購買		モール コンビニ	商店主 商店組合	多様な事業所 小売・サービス 商店街	中心市街地	
集会	家庭	集会所	老人会・婦人会・ボランティア等	公民館 体育館	学芸員・専門スタッフ	
文化			文化スポーツサークル		図書館 博物館 音楽ホール等	
宗教		寺院 神社	檀家 氏子			
公園		小広場	児童公園 住区基幹公園	都市基幹公園	大規模公園	
防災防犯			消防団 防犯グループ	派出所	消防署 警察署	
交通	家族の送迎 相乗り		交通安全グループ 安全で快適な道路	バス停・鉄道駅・タクシー 移送ボランティア	安全・バリアフリー交通サービス 各施設の送迎サービス	
風土			環境維持ボランティア 町並み保存活動団体	自然環境 歴史的町並み	まちづくり協議会・都市計画行政	

出典：三村浩史，馬場昌子，津波洋：小都市・農村における地域福祉力の形成，日本学術振興会科学研究費助成研究報告書（2000）

図 3.5 地域福祉力を支える生活圏と支援のネットワーク

かつては，伝統的コミュニティと呼ばれる，相互扶助をベースにした自立性が高い一つの共同体組織で，仕事，子育て，福祉といったすべての生活が行われていた。しかし，近代化とともに，人びとは広域的・全国的に組織された多

様な職場で働くようになり，数多くの機関，組織のメンバーになった。社会的分業が進み，環境管理，教育，福祉などは政府およびさまざまな民間サービスに頼れるようになった。自由に職業や職場を選び，企業の生産性も高くなった。さらに，現在では携帯電話やインターネットの普及により，世界中の人とコミュニケーションがとれるようになった（伝統的コミュニティからの解放）。

1960年代以降，新しい居住地コミュニティを創生しようという機運が高まっている。それは，ある程度所得水準が高くなったこと，労働時間が減少し，居住地の質を高めたいという意思をもった人たちが増えてきたこと，そして公害，交通安全，日照権侵害などの生活環境悪化問題が数多く発生し，その問題は自治体や民間企業に任せるだけでは必ずしも解決されないということがわかってきたことなどによる。

1980年代になると，地域環境の向上や個性ある文化を見直そうという活動が高まり，地域の歴史や自然についての学習やタウンウォッチングなどによって地域の魅力を発見し，街並みの保全や創造，自然保護，祭礼などの年中行事，まちづくりイベントやお祭りなどのコミュニティ活動が活発化した。

1990年代，本格的に高齢化社会・長寿時代に入り，ノーマライゼーションの実現に向け，制度化された介護サービスに加え，日常生活の場におけるふれあいやボランティア活動など，地域福祉へのニーズが高まった。また，1995年の阪神淡路大震災は，災害時の救助や支援において「共助」が重要であるという教訓をもたらした。さらに，2000年代は，子どもや高齢者を狙った犯罪が多発し，日常生活における防犯環境づくりのためにも，地域における日常的なコミュニケーションやケアのネットワークの大切さが再認識された[1]。

現代人は，多くの組織に属し，広域的なネットワークとつながっている一方で，日常生活の場である居住地コミュニティの形成にも自発的に参加するようになっている。また，企業や商店街も地域社会への寄与や市民との交流が重視されるようになり，居住地コミュニティと協同でまちづくり活動を行うようになってきた。自発的な参画と協同が，都市そして人間を形成する。

3.3 国家と政府

「個人」は，「国家」の中で生まれ育つ．私たちの生活は「国家」のしくみやはたらきを抜きにしては考えられない．ここでは，国家，人権そして政府について説明する．

3.3.1 国　　家

主権，領域（領土，領水，領空），国民を3要素として成り立つ組織が国家である．主権とは，正統な物理的実力のことであり，国内的には国家の最高意志，国外的には国家の独立性を主張する根拠となる．国家は外交能力をもち，他国と交渉する．

国家において，人びとが生活するうえで従うルール，支配，統治を創造し，維持し，修正し，また破壊することを通じて行われる活動が政治である．

16〜18世紀のヨーロッパ諸国は，国王による専制政治が行われていた（国王が恣意的に政治をすべて行う絶対王政，「人による支配」と呼ばれる）．17世紀以降，各国で市民階級が君主（国王）から主権を奪う市民革命がおこった．そして，基本的人権の保障，国民主権，権力分立，議会政治を4大原理とする民主政治が成立した．いまでは当たり前である法に権力者（人）が従う「法による支配」という考え方もこうして人間がつくったものである．

コ ラ ム

- **基本的人権**
  - 包括的基本権：個人の尊厳と幸福追求権
  - 自由権的基本権（精神，人身，居住，移転，職業選択の自由，財産権の不可侵）
  - 社会権的基本権（生存権，労働基本権，教育を受ける権利）
  - 平等権（法のもとの平等，両性の本質的平等，参政権の平等）
  - 人権を保障するための受益権（請願権，裁判を受ける権利，刑事補償請求権，国家賠償請求権）
  - 参政権

- **財産権**：経済的に価値のあるものを財あるいは財産という。そのうち，生産活動を行う元手になる資本として利用される財を資産という。個人が所有する財を私有財産（私的財），国が所有するものを国有財産，地方公共団体が所有するものを公有財産という。財のうち，土地や建物は不動産と呼ばれる。それ以外の財は動産である。
- **所有権**：財を自分のものとして支配する権利のこと。法律では，所有する者（所有者）が「法令の制限内において，自由にその所有物の使用，収益及び処分をする」権利（民法第206条）とされている。

　多くの財には所有権が設定されている。所有権が確立することで「市場」が形成される。一方，大気や水などの環境という財の多くは所有権が確立されていない。所有権がなければ，誰でも自由に使ってよいということになる。結果として，必ずしも適切な使用はなされず，むだあるいは枯渇という問題が発生する（5.3節の環境問題を参照のこと）。
- **新しい人権**：情報化社会の進展により，新しく主張されるようになった人権。
  - プライバシーの権利（個人の私的な生活（情報・肖像など）をみだりに公開されない権利，個人情報を自分で管理する権利）
  - 環境権（良好な生活環境の中で生きていくことのできる権利，汚染されていない水や空気，日照，静けさ，景観等）
  - 知る権利（国民が自由に情報を受け取ることができる権利，国に対して情報の提供を求める権利）

  などがある。これらはまだ十分確立していない。
- **公共の福祉**：二つの人権が対立したり，矛盾したりするときの調整原理。憲法では，公共の福祉に反しない限り，幸福追求の権利を保障している。

3.3.2 政　　　府

政府（government）は，国家および地方公共団体の統治機構を総称し，立法，司法，行政からなり，以下のような活動を行っている。

- 立法（国会，議会）：独占禁止，消費者保護，中小企業・農業の保護，社会保障，景気の調整，物価の安定化，生活環境および産業基盤の整備，資源の確保，代替エネルギーの開発等のルール（法律，条例）を定める。
- 司法（裁判所）：紛争の解決。

- 行政：法律や条例に基づいて行われる政府の活動。行政機関で働く人が公務員である。

【地方公共団体】

国ではなく，地域の住民の生活に直接かかわりの深い事柄については，地域住民の意見によって解決することが望ましい。国と異なり，直接住民の意思を生かすため，直接民主制の仕組みが一部採用されている。住民投票を実施する例も増えている。また，首長の権力が国と比較して強く，首長のアイディア，やる気，努力によって，地域の暮らしは大きく変わる。

地方公共団体の行う仕事には，自主的な判断で行う自治事務と，本来は国の事務であるが，地方が処理したほうが効率的であることから法律に基づいて委託される法定受託事務がある。国と地方公共団体の行政事務の分担は，**表3.4**のようになっている。

表3.4　国と地方公共団体の行政事務の分担

分　野		公共資本	教　育	福　祉	その他
国		○高速自動車道 ○国道（指定区間） ○一級河川	○大学 ○私学助成（大学）	○社会保険 ○医師等免許 ○医薬品許可免許	○防衛 ○外交 ○通貨
地方	都道府県	○国道（その他） ○都道府県道 ○一級河川 　（指定区間） ○二級河川 ○港湾 ○公営住宅 ○市街化区域， 　調整区域決定	○高等学校・特殊 　教育学校 ○小・中学校教員 　の給与・人事 ○私学助成 　（幼〜高） ○公立大学 　（特定の県）	○生活保護 　（町村の区域） ○児童福祉 ○保健所	○警察 ○職業訓練
	市町村	○都市計画等 　（用途地域，都市 　施設） ○市町村道 ○準用河川 ○港湾 ○公営住宅 ○下水道	○小・中学校 ○幼稚園	○生活保護 　（市の区域） ○児童福祉 ○国民健康保険 ○介護保険 ○上水道 ○ごみ・し尿処理 ○保健所（特定の市）	○戸籍 ○住民基本台帳 ○消防

出典：総務省ウェブサイト，地方財政関係資料，地方財政の果たす役割より作成：http://www.soumu.go.jp/main_content/000154465.pdf（2014年2月現在）

また，条例をつくるのも地方公共団体の重要な仕事である。「市民が主役のまちづくり」を進めていくための基本的な理念や原則，役割分担（市民・議会・市長），仕組みなどを定める自治基本条例や議会の役割を明記する議会基本条例，市民の自発的なまちづくりを促すまちづくり条例などが各地でつくられている。もちろん，条例はつくって終わりではない。適切に運用し，場合にはその変更見直しも行って，市民の生活の質を高めていくことが重要である。

演習問題

〔3.1〕 明治以降の市町村数の変遷について調べなさい。例えば，1888（明治21）年の市制町村制施行時にはいくつの町や村があっただろうか。

〔3.2〕 表3.5のさまざまな市区町村を見てつぎの（1）（2）に答えなさい。

表3.5 さまざまな市町村

	都道府県	市　区	町　村
人口〔千人〕	最大：東京都 13 636 最小：鳥取県 569	最大：横浜市（神奈川）3 731 最小：歌志内市（北海道）3	最大：府中町（広島）51 最小：青ヶ島村（東京）0.17
面積〔km²〕	最大：北海道 78 421 最小：香川県 1 877	最大：高山市（岐阜）2 178 最小：蕨市（埼玉）5	最大：足寄町（北海道）1 408 最小：舟橋村（富山）3
人口密度〔人／km²〕	最大：東京都 6 224 最小：北海道 68	最大：豊島区（東京）22 657 最小：夕張市（北海道）11	最大：志免町（福岡）5 215 最小：檜枝岐村（福島県）2 （福島県の双葉郡や飯舘村を除く）
一人当り地方税額〔千円〕2014年度	最大：愛知県 195 最小：沖縄県 107	最大：港区（東京）304 最小：歌志内市（北海道）61	最大：泊村（北海道）1 461 最小：伊仙町（鹿児島）42
一人当り地方債残高〔千円〕2015年度	最大：島根県 1 364 最小：東京都 364	最大：夕張市（北海道）3 577 最小：港区（東京）18	最大：十島村（鹿児島）7 173 最小：大熊町（福島）2
財政力指数 2015年度	最大：東京都 0.93 最小：島根県 0.23	最大：浦安市（千葉）1.48 最小：歌志内市（北海道）0.10	最大：飛島村（愛知）2.07 最小：三島村（鹿児島）0.05

注1：人口は各都道府県が公表している2016年10月1日の推計人口。面積は2011年10月1日の国土交通省国土地理院「全国都道府県市区町村別面積調」。小数点以下は四捨五入。
注2：地方税額は，都道府県は都道府県税，市区町村は市区町村税を対象に算定している。
注3：財政力指数とは，自治体の財政力を示す指標であり，基準となる収入額を支出額で割り算（÷）した数値。1.0であれば収支バランスがとれていることを示しており，1.0を上回れば基本的に地方交付税交付金が支給されない。

演 習 問 題

（1） なぜ蕨（わらび）市は人口密度が東京都よりも高いのか。
（2） なぜ泊村は一人当り地方税額が全国一なのか。
〔3.3〕 自分の住んでいる小学校区および市区町村の土地利用状況としてつぎの（1）〜（3）を調べなさい。
（1） 公共施設の比率は。
（2） 住宅地の比率は。
（3） 集合住宅と戸建住宅の良い点，悪い点はなんだろうか。

4章 経済活動

◆本章のテーマ

　私たちは自然にある資源を利用して道具や機械といった人工物（財）を生産・消費して暮らしている。また，人工物を使ったさまざまなサービスも生み出してきた。人間がつくる最大の人工物は「都市」である。多くの人工物は個人あるいは企業によって所有されており，都市においては住宅や工場・オフィス・商店などがある。そして住宅や工場などの中にも，電化製品や家具，機械などさまざまな財であふれている。移動手段としての自転車や自動車およびバス・鉄道なども日常生活を支える重要な財である。

　これらのほとんどは市場で取引されるが，市場では十分供給されない財やサービスもある。社会資本はその典型である。市場で十分供給されない財やサービスの多くは政府により供給されている。政府による経済活動は財政と呼ばれる。

　こうした経済活動にともなって多くの**資源・エネルギー**（natural resources and energy）が投入されている。

　本章では，市場，財政，社会資本，資源・エネルギーについて学ぶ。

◆本章の構成（キーワード）

4.1　市場システム
　　　市場，GDP，国富，市場の失敗
4.2　財政
　　　財政，社会保障，地方財政
4.3　社会資本
　　　社会資本，囚人のジレンマ
4.4　資源・エネルギー
　　　エネルギー資源，循環型社会

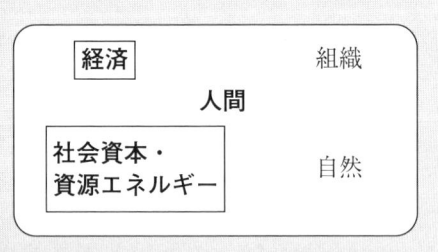

◆本章を学ぶとマスターできる内容

☞ 市場と財政の意味と関連性
☞ 社会資本とはなんであるか
☞ 経済活動における資源・エネルギーの意味

4.1 市場システム

市場（market）では，財やサービスについて価格というシグナルを通じて，需要（買い手）と供給（売り手）の利害が調整される。これを**市場機構**（market mechanism）という。もし，需要が供給より大きければ，財の価格が上がる。財の価格が上がると，生産者は利潤が増えるので生産を増やし，消費者は需要量を減らす。逆に供給が需要を上回り財の価格が下がると，生産者は生産を減らし，消費者は需要量を増やす。こうして需要と供給のバランスが図られる。市場では社会全体で過不足なく，しかも欲するものを欲するだけ，欲しくないものは少なく供給される（資源の最適配分）。また，お金（貨幣）と

表 4.1 さまざまな市場

名　称	内　容
金　融	さしあたり資金の余っている人と足りない人の間の貸し借りのこと。その中心的な機能を果たしている機関が銀行である。銀行は低い利子で預かり，高い利子で貸しつける。この利子の差が銀行の利潤となる。価格の役割を果たすのが利子率である。資金を求める人が多いと利子率は上昇し，逆に資金への需要が減少すると利子率は低下する。企業は利子率よりも利潤率のほうが高いときには，資金を借りて生産活動をさかんに行う。こうして金融市場では利子率を通じてバランスが図られる。
労　働	家計は企業に労働（時間）を供給し，その見返りに賃金を受け取る。賃金率（一定時間または一定量当りの賃金）が価格シグナルの役割を果たす。
不動産	日本では，土地・建物は個人の所有物とされ，所有権に加えて以下の権利が売買されている。 地上権：工作物または竹木を所有するためなどの目的で，他人の土地を使用する権利のこと（民法第 265 条）である。地下や土地上の空間の一定の範囲を目的として設定される地上権を区分地上権という。空中権は，土地の上の空間を目的とする地上権である（民法第 269 条の 2）。この土地のレンタル価格を地代という。 賃借権：物の使用収益を認める（貸す）当事者を賃貸人・貸主，物の使用収益を認められた（借りる）当事者を賃借人・借主という。賃借人が賃貸借契約に基づいて目的物を使用収益する権利を賃借権といい，賃貸人がある物を賃貸借契約の目的物とすることを「賃借権を設定する」という。この床のレンタル価格を家賃という。 その一方で，相続時に登記（権利を国で管理する登記簿に記載してもらう一連の手続）がなされず，土地所有者の居所や生死が判明しない土地が増大している。関連して，入会権・漁業権・水利権なども空間のマネジメントにおいて重要な権利である。

ともに情報や知識が流れる。こうした情報や知識が新しいモノやサービスを生み出す。

生産に使われる財・サービス，消費される財・サービスだけでなく，金融，労働，不動産についても市場が存在する（**表 4.1**）。また現在，グローバル化といわれるように，これらが取引される空間が世界にまで広がり，きわめて短時間で取引が行われるようになっている。

1国の経済規模は，1年間に新たに生産された財・サービスの合計を表す**国民所得**（national income, **NI**）で示される。国内で生産されたすべての付加価値の総額を**国内総生産**（gross domestic product, **GDP**）と呼び，それから固定資本減耗を除き，間接税を除き補助金を加えた国民が受け取る収入の総額が国民所得である（**図 4.1**）。

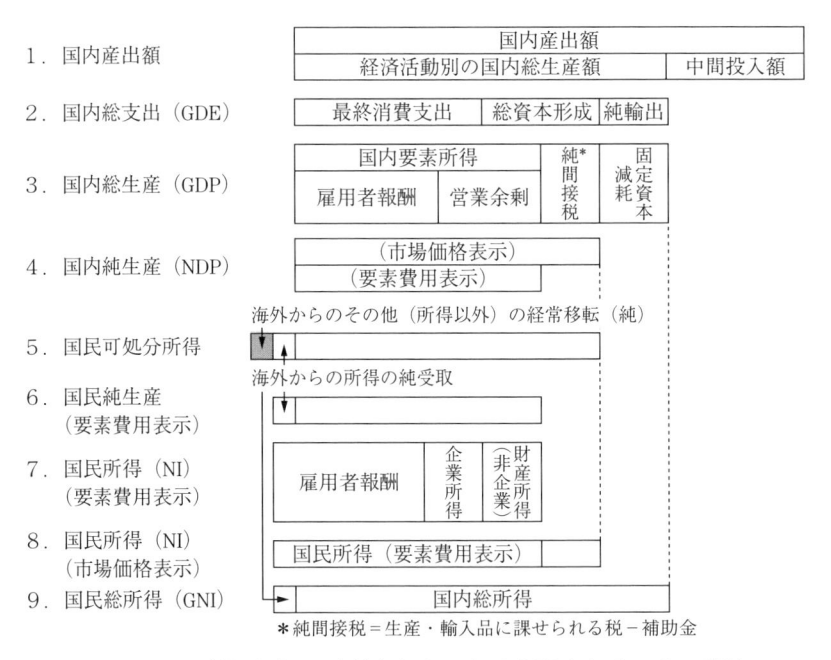

1．国内産出額	国内産出額			
	経済活動別の国内総生産額			中間投入額
2．国内総支出（GDE）	最終消費支出	総資本形成	純輸出	
3．国内総生産（GDP）	国内要素所得		純間接税*	固定資本減耗
	雇用者報酬	営業余剰		
4．国内純生産（NDP）	（市場価格表示）			
	（要素費用表示）			
	海外からのその他（所得以外）の経常移転（純）			
5．国民可処分所得				
	海外からの所得の純受取			
6．国民純生産（要素費用表示）				
7．国民所得（NI）（要素費用表示）	雇用者報酬	企業所得	財産所得（非企業）	
8．国民所得（NI）（市場価格表示）	国民所得（要素費用表示）			
9．国民総所得（GNI）	国内総所得			

＊純間接税＝生産・輸入品に課せられる税－補助金

図 4.1 国民所得（NI），国内総生産（GDP），国民総生産（GNP）の関係

4.1 市場システム

　国民所得はフロー（流れ）でとらえた1国の経済力である。これをストック（貯え）からとらえたものが**国富**（national wealth）であり，すべての建物・機械・原材料などの資産をある時点で調査し推計したものである（**図4.2**）。資産には，①流動資産（現金預金，株などの金融資産），②固定資産（土地・建物など），③繰延資産（開発費，創立費など）の三つがある。2015年度末のわが国の国富は約3 290兆円である。なお，国民の多くは，直接自己責任で株や債券を買うよりも，銀行や郵便局に責任をもって現金を預かってほしいと考えている。こうした銀行や郵便局に預けられたお金は，多くが国債の購入に充てられている。

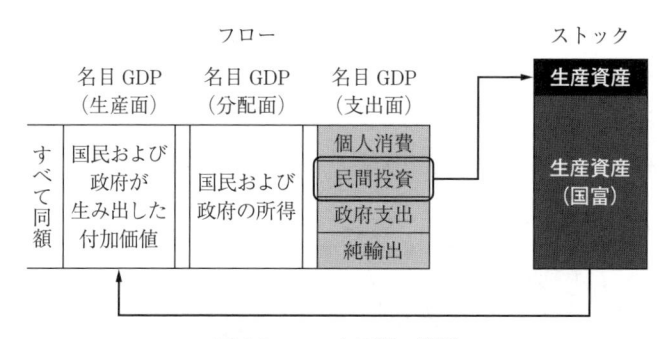

図4.2 GDPと国富の関係

■ 市場の失敗

　市場は価格シグナルを通じて，需要と供給のバランスを図り，自動的に「効率性」を上げる仕組みである。しかしながら，市場がうまく働かない場合もある。例えば，市場が1企業の売り手によって占められている独占の状態にあるときには，売り手にはよりよいものをより安く供給する誘因（インセンティブ）がない。また，日常使われる道路や身近な公園などの**社会資本**（infrastructure），さらに清浄な空気や水といった自然など，価格自体がないものも少なくない。収入が得られない社会資本を積極的に供給しようとする企業は存在しない。また，工場や自動車からの排出ガス，騒音，悪臭などにより生じる不利益は，経済活動に直接関与しない第三者が受けるという意味で**外部不**

経済 (negative externalities) と呼ばれるが，この外部不経済も市場では解決できない（国民所得や国富にも反映しない）。これらを**市場の失敗** (market failure) といい，政府による介入が必要とされる。

社会資本を含めた経済活動については，石倉智樹，横松宗太『公共事業評価のための経済学』[1] を参照していただきたい。

4.2 財政

財政 (finance) とは，政府や地方公共団体の歳入（収入）と歳出（支出）のことをいう。一般会計と特別の目的をもつ事業に関する特別会計がある。

財政には，① 資源配分（道路や公園などの社会資本，治安・教育などの公共サービスの提供），② 所得の再分配（累進課税制度（所得や財産が大きいほど税率を高くする制度）と社会保障制度によって所得格差を小さくすること），

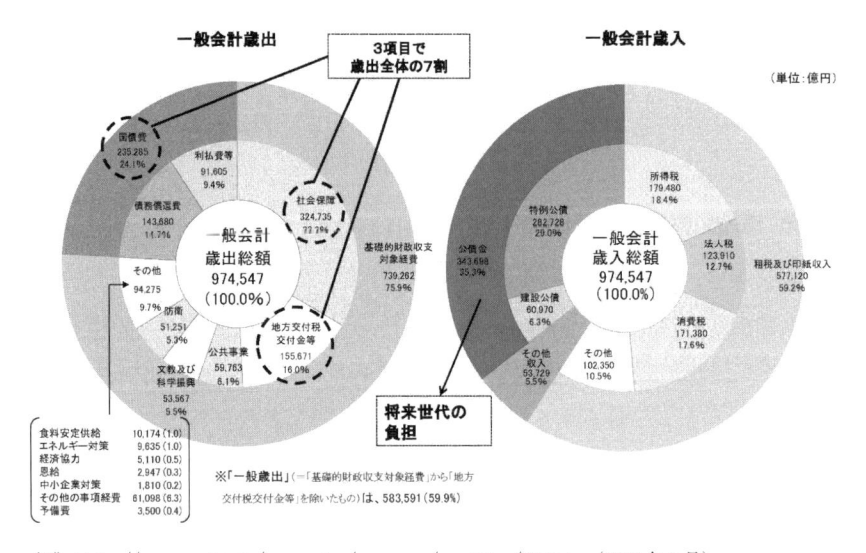

出典：http://www.mof.go.jp/tax_policy/summary/condition/002.htm（2018年3月）

図4.3 国の歳入と歳出（2017年度）

4.2 財政

③ 経済安定（景気の調整などを通じて国民生活の安定を図ること）の三つの機能がある。

2017年度の国の財政をみてみよう（図 4.3）。まず歳入は租税が約49％そして公債が約35％を占める。図 4.4 におもな租税の種類を示す。公債は，国の借金であり，将来世代が支払わねばならない費用である。一方，歳出は社会保障関係費の比率が最も高く，ついで借金の返済としての国債費や地方政府へ回

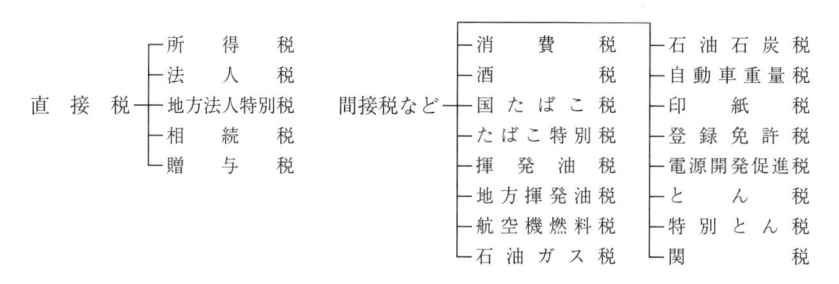

直接税
- 所得税
- 法人税
- 地方法人特別税
- 相続税
- 贈与税

間接税など
- 消費税
- 酒税
- 国たばこ税
- たばこ特別税
- 揮発油税
- 地方揮発油税
- 航空機燃料税
- 石油ガス税
- 石油石炭税
- 自動車重量税
- 印紙税
- 登録免許税
- 電源開発促進税
- とん税
- 特別とん税
- 関税

（a）国税

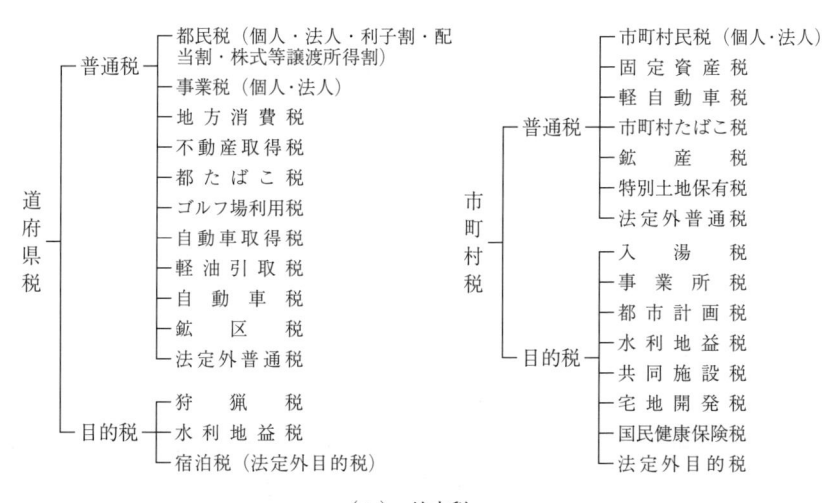

道府県税
- 普通税
  - 都民税（個人・法人・利子割・配当割・株式等譲渡所得割）
  - 事業税（個人・法人）
  - 地方消費税
  - 不動産取得税
  - 都たばこ税
  - ゴルフ場利用税
  - 自動車取得税
  - 軽油引取税
  - 自動車税
  - 鉱区税
  - 法定外普通税
- 目的税
  - 狩猟税
  - 水利地益税
  - 宿泊税（法定外目的税）

市町村税
- 普通税
  - 市町村民税（個人・法人）
  - 固定資産税
  - 軽自動車税
  - 市町村たばこ税
  - 鉱産税
  - 特別土地保有税
  - 法定外普通税
- 目的税
  - 入湯税
  - 事業所税
  - 都市計画税
  - 水利地益税
  - 共同施設税
  - 宅地開発税
  - 国民健康保険税
  - 法定外目的税

（b）地方税

出典：東京都主税局ウェブサイト，都税 Q & A，税金一般より作成，
http://www.tax.metro.tokyo.jp/shitsumon/tozei/index_a.htm#a4（2014年2月現在）

図 4.4 おもな租税の種類

す地方交付税交付金等と続く。

　歳出が歳入を上回ることを赤字財政という。1965年以降，多額の国債が発行されており，GDPに対する国債の発行残高の割合は100％を超えている。地方も巨額の赤字を抱えており，2015年度末における国と地方の借金の総額（長期債務残高）は約1033兆円程度，国民一人当り約815万円となっている。また，財政投融資という，民間では対応が困難な長期・低利の資金供給や大規模・超長期プロジェクトの実施を可能とするための投資（出資）や融資（貸付）も行われている。

〔1〕　**社 会 保 障**（social security）　　国民すべての生活の最低限度を国の責任で守る仕組みであり，病気，失業，障害，高齢等，弱い立場に立つ人びと（社会的弱者）が安心して生活できるように，社会全体で全国民の生活を保障するものである。日本の社会保障制度は，**表4.2**に示す4分野からなる。また，国や地方公共団体だけでなく，民間や非営利団体（NPO）によってもこうしたサービスは提供されている（生命保険会社，損害保険会社，老人ホーム）。

表4.2　日本の社会保障制度

分　野	概　　要
公的扶助	生活扶助，教育扶助，住宅扶助，医療扶助，介護扶助，出産扶助，生業扶助，葬祭扶助の8種類がある。生活に困っている国民に最低生活を保障し，あわせてその自立を促すことを目的とする生活保護法がその中心である。
社会保険	病気，ケガ，老齢，失業などに際し，一定の給付を行って生活安定を図る。
社会福祉	社会的弱者の生活を援助・保護し，社会人として生活できるようにするのが目的。福祉事務所が各自治体におかれ，民生委員がこれに協力奉仕している。
公衆衛生	下水道の整備や伝染病の予防，ゴミ処理などにより，国民の健康の維持・増進を図る。

　戦後，社会保障は徐々に拡大されてきているが，財源の確保，精神面へのケア，障害者の社会参加（隔離から共生へ），病気にかからない環境づくり（予防医療，リハビリを支えるまちづくりなど）が課題となっている。

〔2〕　**地 方 財 政**　　地方自治体は，本来独自の財源でまかなわれるべきである。しかし，ごくわずかの裕福な自治体を除いて大多数は，国からの地方交付税交付金や使途が指定される国庫支出金などの財政援助に頼っている。**図**

4.2 財政

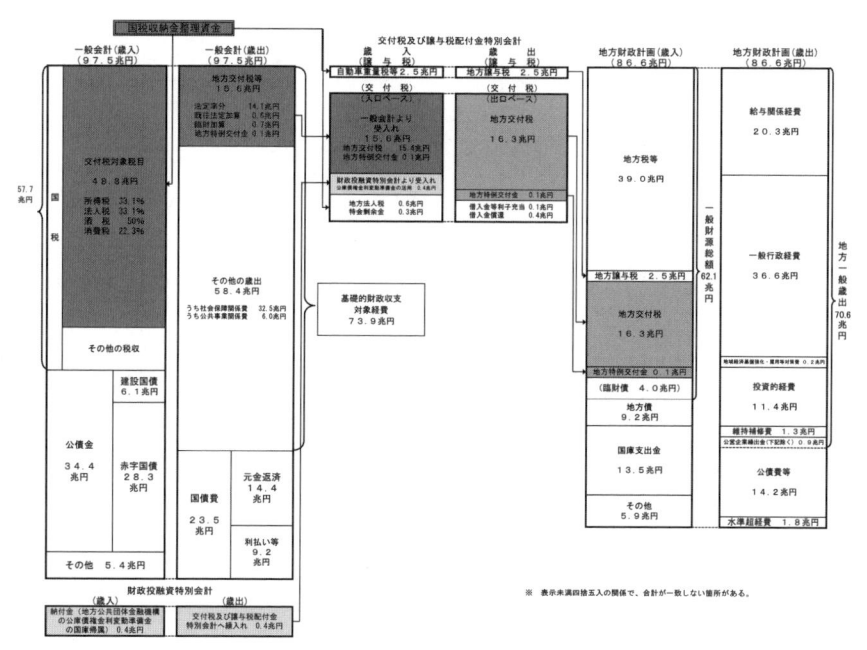

出典：総務省ウェブサイト，地方財政関係資料
http://www.soumu.go.jp/main_content/000474597.pdf（2018年3月現在）

図 4.5　国の予算と地方財政計画との関係（平成29年度当初）

4.5 に示すように，国が国税として国民から税金を集め，それを地方自治体，特に裕福でない自治体に配分している。また，都市計画を福に実際の国民生活に密接にかかわる行政は，地方が担っている。図 4.6 に示すように，政府支出の約 3/5 は地方自治体の支出である。

市町村においては**固定資産税**（property tax）や**都市計画税**（city planning tax）といった不動産への課税が貴重な財源となっている。現在，自主財源の比率は5割程度であり，中央政府とのパイプを強化して補助金獲得に動く自治体，政治家も多い。また，2004年より，国から地方への税源移譲とあわせて自主財源を確保するために，独自の地方税を創設することができるようになった。現在，核燃料税（福井県，福島県など），別荘等所有税（熱海市），森林税（神奈川県，石川県など），産業廃棄物税（三重県，岡山県など），遊魚税（河口湖町など）等が導入されている。

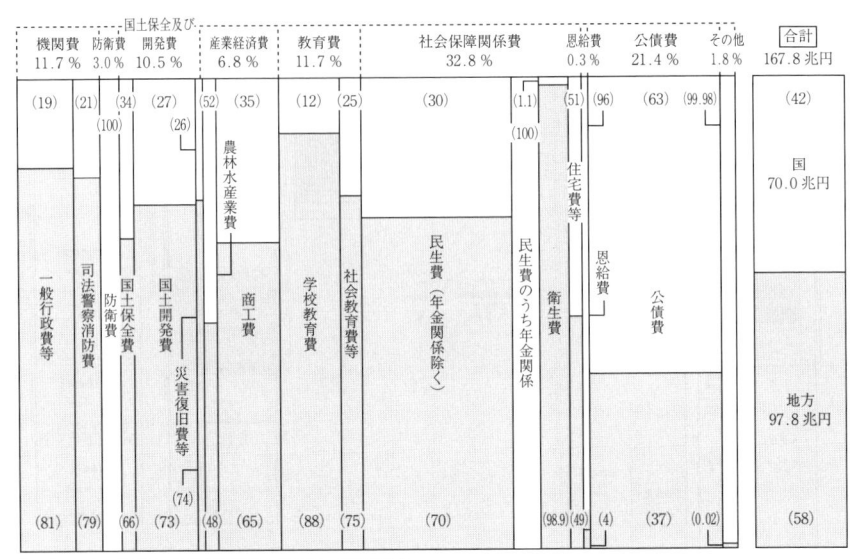

	機関費 11.7%	防衛費 3.0%	国土保全及び 開発費 10.5%	産業経済費 6.8%	教育費 11.7%	社会保障関係費 32.8%		恩給費 0.3%	公債費 21.4%	その他 1.8%	合計 167.8兆円
国	(19)	(21)	(34) (100)	(27) (26)	(52) (35)	(12) (25)	(30)	(1.1) (100)	(51) (96)	(63) (99.98)	(42) 国 70.0兆円
内訳	一般行政費等	司法警察消防費／防衛費	国土保全費／国土開発費／災害復旧費等	農林水産業費／商工費	学校教育費／社会教育費等	民生費（年金関係除く）	民生費のうち年金関係	住宅費等／恩給費	衛生費	公債費	地方 97.8兆円
地方	(81)	(79) (66)	(73)	(48) (65)	(88) (75)	(70)		(98.9)(49)	(4) (37)	(0.02)	(58)

注：（　）内の数値は，目的別経費に占める国・地方の割合
　　計数は精査中であり，異動する場合がある。

出典：総務省ウェブサイト，地方財政関係資料，地方財政の果たす役割より作成．
　　　https://www.soumu.go.jp/main_content/000428066.pdf（2021年7月現在）

図 4.6　国と地方の負担関係（平成26年度決算，歳出決算・最終支出ベース）

4.3　社　会　資　本

　社会資本は，生産や消費などの経済活動一般の基礎となるものであり，大きくは国土保全関連，道路・港湾・工業団地などの産業（生産）基盤関連，住宅・公園・上下水道・図書館・学校などの生活基盤関連の三つの社会資本に分類される．社会資本の供給は，その多くが個人ではなく，国や地方公共団体により行われている（**図 4.7**）．

　しかし，なぜ社会資本は個人・企業ではなく，国や地方公共団体が供給するのであろうか．それは，その供給を個人に委ねてしまうと，社会全体で過小な供給しかなされないためである．公園を例に考えてみよう．いま，AさんとBさんが二人いて，各自自分のもっている土地を，Aさん，Bさんともに自由に使える公園に提供するか，それとも提供しないで自分で自由に使うかを自由に

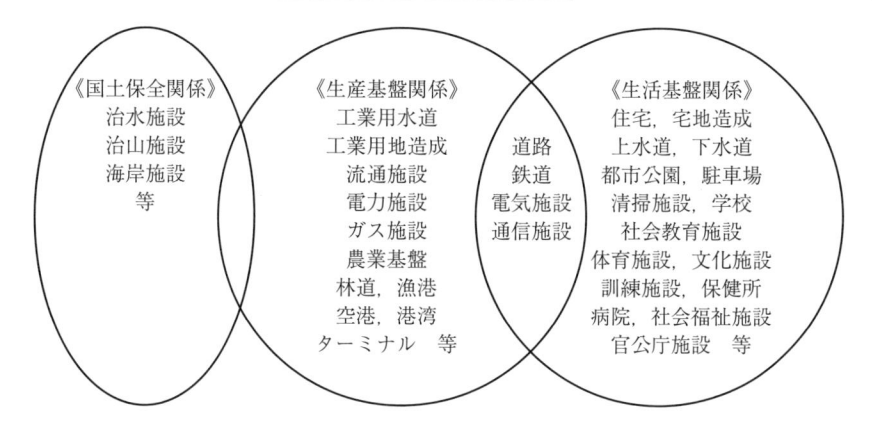

《国土保全関係》
治水施設
治山施設
海岸施設
等

《生産基盤関係》
工業用水道
工業用地造成
流通施設
電力施設
ガス施設
農業基盤
林道, 漁港
空港, 港湾
ターミナル 等

道路
鉄道
電気施設
通信施設

《生活基盤関係》
住宅, 宅地造成
上水道, 下水道
都市公園, 駐車場
清掃施設, 学校
社会教育施設
体育施設, 文化施設
訓練施設, 保健所
病院, 社会福祉施設
官公庁施設 等

出典：経済企画庁の資料をもとに国土交通省国土技術政策総合研究所が作成．
国土交通省国土技術政策総合研究所ウェブサイト，東京圏における社会資本の効用，
http://www.nilim.go.jp/lab/pcg/seika/tokyo/tokyo-infra.htm（2014年2月現在）

図 4.7　社会資本の分類

決めることができるとしよう．A さんにとって，最も望ましい状況は，自分は土地を提供せず，B さんに公園をつくってもらうことである．こうすれば，広い敷地が残るとともに，公園で遊ぶこともできる．そのため，公園のために土地を提供するかどうかは自由という条件のもとでは，A さんにとっての最も賢い選択は，正直に公園が欲しいとはいわずに公園には関心がない（土地を提供したくない）ふりをすることである．しかし，同じことを B さんも考える．結果として，本当なら両者ともに公園があるといいと思っているものの，誰も自分から土地を供給しようとしなくなる（これを**囚人のジレンマ**（prisoner's dilemma）構造という）．

　社会資本にはこうして適切な供給がなされないという性質がある．このため，社会資本の建設・管理は，個人ではなく国や地方公共団が行うのである．

　では，国や地方公共団体に委ねれば，社会にとって望ましい社会資本の整備水準が得られるのであろうか．じつはそう簡単ではない．国や地方公共団体は，国民や市民が望む最適な社会資本整備水準を知っているわけではない．そして，国民・市民から税金などを徴収して社会資本の建設・管理を行うことになるが，民間企業と異なり，国や地方公共団体には効率的に整備を行うという

インセンティブ（誘因）は小さい。結果として，国・地方公共団体が行うからといって社会的に望ましい水準での供給・管理がなされるという保証はない。

コラム

公物

公物とは国または地方公共団体などの行政主体により，直接公の目的に供用される個々の有体物のこと。国有財産・公有財産でも単に収益を目的とする普通財産は公物ではない。また，明治時代前から存在していた里道や水路などは，道路法や河川法などの公物管理法が適用されず，法定外公共物と呼ばれる。法定外公共物はこれまで国有地であったが 2005 年度から市町村が所有管理するようになった。以下のように分類されている（表参照）。それぞれ計画や管理のされ方は異なる。

表 公物の分類

利用目的に よる分類	公共用物	河川，道路，公園，海浜，港湾等，直接一般公衆の共同使用に供される公物
	公用物	官公署・公立学校の建物や敷地
成立過程に よる分類	自然公物	自然の状態において，公共の用に供される実体を備えているもの。河川や海浜など。公共の利益や他人の活動を妨げない限りにおいて自由に使用できるという自由使用原則があり，入会権や漁業権など慣行使用（法律が制定される以前から行われている権利的行為）が存在する。
	人工公物	人工的に，公共の用に供しうる実体を備え，行政主体によって公共の用に供するという意思的行為をすなわち公共開始行為を経て供されるもの。道路，都市公園など。

4.4 資源・エネルギー

現在のわれわれの生活は，膨大な資源の利用・消費によって成り立っている。資源はその有用性によってエネルギー資源，原材料資源，食料資源に分類することができる。

時代とともに重点が置かれる資源も変化する。農業が中心であった時代には，資源といえば主として土地と水であり，これらの獲得をめぐって無数の争いが繰り返されてきた。近代以降は，工業原燃料（鉄，銅，石炭，石油等）が

4.4 資源・エネルギー

重要な資源である。

エネルギー資源については，人力・畜力・水力や薪炭材を利用していた道具の時代から蒸気原動機や内燃機関を利用する機械の時代へ転換し，石炭・石油などの化石燃料が使用されるようになり，現在では電気や核エネルギー資源も利用されている。

エネルギー消費量の急激な増大や消費の用途面での変化が生じたのは，産業革命以降である。産業革命は，イギリス人が再生可能な資源であるブリテン島の森林をすべて切りつくしてしまったために起こったといわれており[2]，それまでの薪炭材から使い勝手の悪い石炭を利用する製鉄技術の革新（ダービー親子が石炭をいったんコークスにし，それをエネルギー源および還元剤として製鉄を行う），動力技術の革新（ワット（James Watt）による実用的な蒸気機関の発明，そしてスチーブンソン（George Stephenson）が蒸気機関車を発明）をもたらした。石炭で鉄を作り，それが鉄道のレールや蒸気機関車となり，石炭を輸送した。

石炭は2〜3億年前の植物遺体が地中に堆積してできたものであるが，燃焼によりばいじんが生じ，また燃焼をうまくコントロールできないとCOやSO_2といった有害ガスが発生する。また，それまでは木灰を利用してつくられていたガラス，石鹸や紙などの生産に不可欠なソーダにおいても，ルブランが1790年に化学的に合成する方法を発明する。しかし，この方法では塩化水素などの有害ガスが発生する。このように石炭の利用とともに周辺の大気汚染が進んだ（5.3.2項の地域環境問題を参照）。

石油は，古代から「燃える水」として知られていたが，大量に生産されることはなく，燃料や照明用に各地で使われてきた。その転機が訪れるのは，19世紀末の自動車の商業実用化や20世紀初めの飛行機の発明である。これら内燃機関の誕生が石油の大量生産をもたらした。また，船舶も重油をボイラーの燃料にするようになった。さらに，石油は第二次世界大戦後，発電所の燃料，化学繊維やプラスチックなどあらゆる工業製品の素材として利用されるようになった。

4.4.1 わが国における資源・エネルギーフロー

日本では，毎年多くの資源が輸入され，またその変換過程において大量の熱やガスなどを排出している（図4.8, 4.9）。石油・石炭・天然ガスなどの一次エネルギーについては99％，木材は80％，天然繊維製品も60％を輸入に頼っている。その一方で，大量の廃棄物が生み出され，不法投棄や悪臭などの問題が生じている。そのため，狭義には，廃棄物の発生を抑制し，再使用・リサイクルを行い廃棄量を少なくし，資源として循環利用する社会，広義には，自然における適正な物質循環を可能にする人間社会のあり方をめざす**循環型社会**（recycling society）の形成が求められている。このことは都市においても重要な課題である。

4.4.2 資源・エネルギーの価格高騰，枯渇

資源・エネルギーの価格高騰や枯渇などは国内および国際的にも大きな問題となっている。ここでは，再生不可能な資源と再生可能な資源の二つに分けて考える。

〔1〕 **再生不可能な資源**（化石燃料・鉱物資源）　再生不可能な資源のほとんどは，私的あるいは公的（国家など）に所有・占有されている。資源所有者は，資源の採取・販売による収益ができるだけ大きくなるように行動すると考えられるが，その際，採取・販売して得た収益を銀行などで運用することによって将来には収益を得る（元本×（1＋利子率）となる）こともできるし，採取・販売を控えて将来の価格の値上りを待って売ることもできる。しかし，いずれにしても長期的には利子率と収益率は一致する。なぜなら，もし収益率が利子率より高ければ，現在よりも将来において採取したほうが得なので，現在の資源価格が上昇し，収益率は低下する。逆に，利子率が収益率より高ければ，現在の採取・販売が増加するために，現在の資源価格が低下し，将来価格が上昇し，収益率が増加する。こうして収益率と利子率はほぼ同じになる。これを**ホテリング・ルール**（Hotelling's rule）という。

4.4 資源・エネルギー

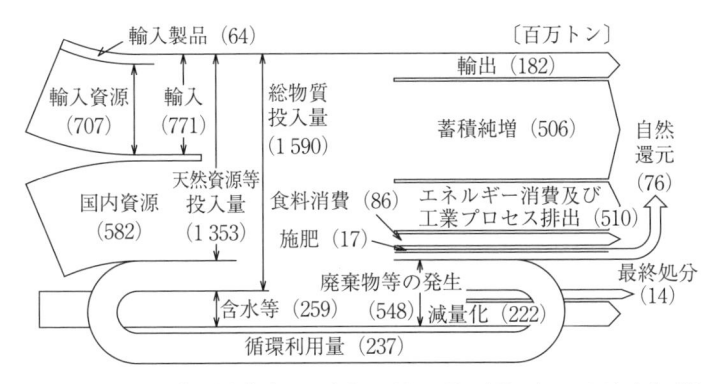

注：含水等：廃棄物等の含水等（汚泥，家畜ふん尿，し尿，廃酸，廃アルカリ）および経済活動に伴う土砂等の随伴投入（鉱業，建設業，上水道業の汚泥及び鉱業の鉱さい）
出典：環境省 https://www.env.go.jp/policy/hakusyo/r02/html/hj20020301.html

図 4.8 物質フロー（2017 年度）

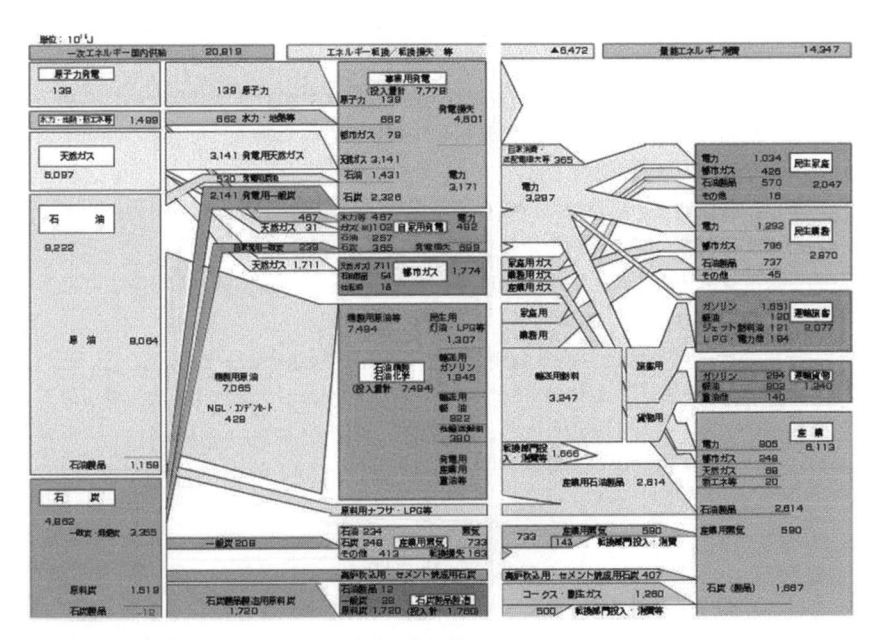

注 1：本フロー図は，わが国のエネルギーフローの概要を示すものであり，細かいフローについては表現されていない。特に，転換部門内のフローは表現されていないことに留意。
注 2：石油は，原油，NGL・コンデンセートのほか，石油製品，石炭は，一般炭・無煙炭，原料炭のほか，石炭製品を含み，自家用発電のガスは，天然ガスおよび都市ガス。
出典：資源エネルギー庁ウェブサイト：総合エネルギー統計（http://www.enecho.meti.go.jp/about/whitepaper/2014pdf/）をもとに作成。

図 4.9 わが国のエネルギーバランス・フロー概要（2012 年度，単位 10^{15} J）

したがって，当該資源の所有者が合理的に採取・販売する限り，資源価格は上昇し続け，需要は長期的に減少していく．代わりになる資源が見つからない限り，その資源はどんなに高くても使い続けられる．

〔2〕 **再生可能な資源**　再生可能な資源であれば枯渇することはないかというと，必ずしもそうではない．その資源を誰でも自由に採取・販売できるという状態にあれば，再生する速度以上の過剰な採取・販売が行われ，結果として枯渇する可能性もある．

コラム

産業革命と都市計画の誕生

　産業革命により，都市に工場が集中すると，所得や生活水準の向上を求め，全国から労働者が転入した．そして資本主義という経済システムが成立し，新しい技術に支えられた交通システムや近代的なビルが誕生した．

　こうして人間が，自然に受動的に対応するというかかわり方から，自然に能動的・積極的に働きかけ，自然を改変し，大量の資源を開発・利用するというかかわり方への転換が起きた．

　また，居住地と工場地域の近接，過密居住（1室当り 15～20人など）など不衛生な都市で，伝染病が致命的な問題として浮上し，その結果として，近代的な水道システム，衛生的な居住環境への要求，そして市街地の拡大をより計画的に行う必要性が高まった．

　1848年，イギリスにおいて**公衆保健法**（public health act）が成立した．そして，有害物の除去，疾病の予防，過密居住，排水の不完全，汚水溜，便所等不衛生住宅の改善がすすめられた．都市計画の誕生である．

演習問題

〔4.1〕 自宅の1か月の収入と支出を書き出しなさい．また，そのうち水道，電気・ガス，ガソリン・灯油そして鉄道・バスなどの交通をどの程度，またいくら使っているか調べなさい．

〔4.2〕 都市の活動水準を表す指標にはどんなものがあるか考えてみよ．

〔4.3〕 自分の住む市区町村の財政状況を調べなさい．また，周りの市区町村と比較して，特徴的な歳入や歳出はなにか考察しなさい．

5章 問題と政策

◆ 本章のテーマ

2～4章では，自然には循環，また経済には市場と，ともに自律的に挙動するシステムがあることを述べてきた。加えて，自然の挙動と人間の活動は相互に影響を及ぼしあう。自然が人間に負の影響を及ぼす現象は数多くあるが，中でも「自然災害」は，これまでも大きな被害をもたらしてきた。同時に人間の活動は自然の挙動に影響を与える。資源・エネルギーを取り込む場面，廃棄物・廃熱を排出する場面，そしてレクリエーションなど生活の場として自然を活用する場面において環境に負荷が生じ，自然の浄化能力を超えると環境問題となる。また，人間の相互作用からもさまざまな社会問題が生じている。

本章では，現代の都市が抱える問題，その対策としての政策・計画について述べる。

◆ 本章の構成（キーワード）

5.1 都市空間の問題
5.2 災害
　　災害，防災，減災
5.3 環境問題
　　地球環境問題，地球温暖化，気候変動，CO_2，IPCC，地域環境問題，公害，廃棄物，居住，福祉，交通，土地利用
5.4 政策・計画
　　政策，目標，計画，行政計画

◆ 本章を学ぶとマスターできる内容

☞ 現代の都市が抱える問題にはどのようなものがあるか
☞ 対策としての政策・計画にはどのようなものがあるか

5. 問題と政策

5.1　都市空間の問題

図5.1に都市空間にかかわる問題を示す。2～4章で述べた自然循環，人口減少・少子高齢化，資源・エネルギーの大量消費，土木・建築・造園の分離，そして緩い土地利用規制や人間関係の希薄化が背景となって，さまざまな問題が生じている。以下，これらの問題について説明する。

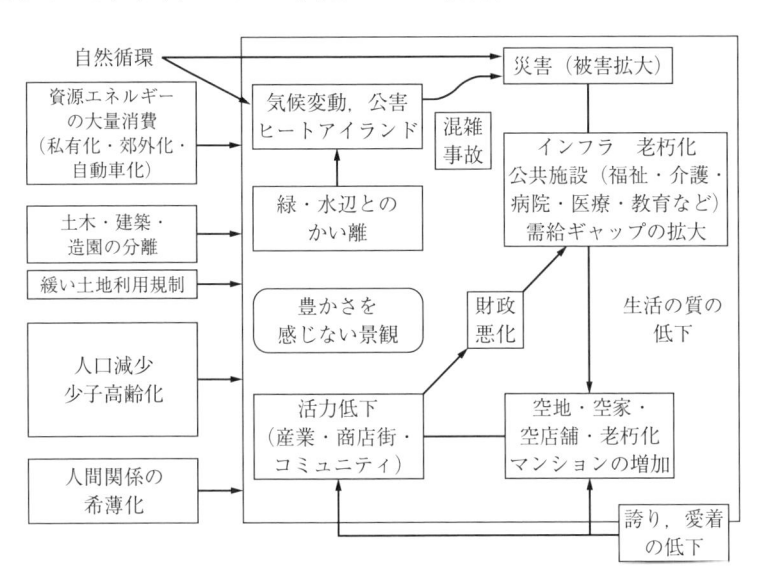

```
自然循環 ──────┐
               ↓
資源エネルギー ──→ 気候変動，公害 ──→ 災害（被害拡大）
の大量消費         ヒートアイランド       ↑
（私有化・郊外化・                    混雑  インフラ 老朽化
自動車化）                           事故  公共施設（福祉・介護・
                                         病院・医療・教育など）
土木・建築・    ──→ 緑・水辺との          需給ギャップの拡大
造園の分離          かい離
緩い土地利用規制                                  生活の質の
                   豊かさを     財政              低下
                   感じない景観  悪化
人口減少    ──→
少子高齢化          活力低下              空地・空家・
                   （産業・商店街・  ──→  空店舗・老朽化
人間関係の   ──→   コミュニティ）         マンションの増加
希薄化                                    ↑
                                         誇り，愛着
                                         の低下
```

図5.1　都市空間の問題

5.2　災　　　害

自然現象の変化あるいは人為的な原因などによって，健康または生活環境への被害を生じる現象を**災害**（disaster）という。災害の種類を**表5.1**に示す。

これまで日本のみならず世界で多くの災害が発生してきた[1),2)]。災害の発生機構を明らかにし，被害を出さないことを目的とした対策を行うことを**防災**（disaster prevention），被害の最小化を目的として対策を行うことを**減災**（disaster mitigation）という。対策としては，① 発生の確率を減らす，② 発生

表5.1 災害の種類

災害	種類
自然	気象,台風,風水害(ゲリラ豪雨),火災,地すべり,地震・火山,生物,ウィルス,異常発生など
人為	犯罪(放火)・テロ,交通事故,水難事故,労働災害,風評被害など
複合	複数の自然災害,自然災害⇒人為災害(二次被害)

したときの被害を軽減する,があり,具体的には規制を行って活動を制限する,インフラを整備する,保険をつくるなどがある。これらについては参考文献3),また津波防災については参考文献4)などが参考になる。

5.3 環境問題

5.3.1 地球環境問題

地球環境問題(global environment problems)は,国際的な政府間会議で課題とされているものであり,オゾン層の破壊,地球の温暖化・気候変動,酸性雨,有害廃棄物の越境移動,海洋汚染,熱帯雨林の減少,野生生物の種の減少,砂漠化,開発途上国の公害問題等がある。国境を超え,またつぎの世代にまで影響する。

これらの問題はたがいに独立ではない。例えば,日本で使われなくなった自動車の一部は途上国に輸出されるが,必ずしも十分なメンテナンスがなされず,排ガスを多く排出する自動車の規制も有効でないと,途上国の大気を汚染し,解体時において水質や土壌が汚染される。また,野生生物の宝庫である熱帯雨林は CO_2 の貯蔵庫でもある。

現在最も注目されている問題は,**地球温暖化**(global warming)と**気候変動**(climate change)である。この主たる原因物質は,石油や石炭を消費すると放出される CO_2 である。**図5.2**に国別の温室効果ガスの排出量の推移および予測値を示す。これまで先進国が大量の CO_2 を排出してきたが,今後は発展途上国における排出量が増加すると予想されている。また,CO_2 のほかに,

5. 問題と政策

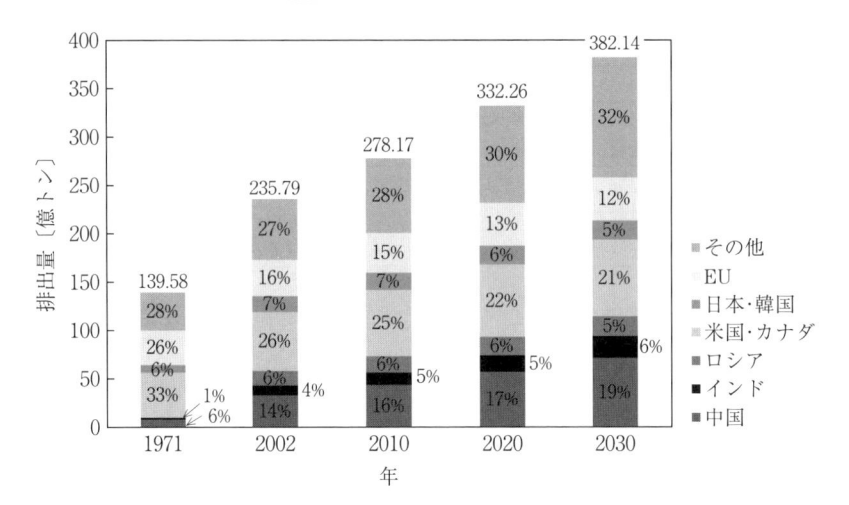

出典：IEA, World Energy Outlook 2004 より作成

図 5.2 国別 CO_2 換算した温室効果ガスの排出量の推移と予測値

CH_4, N_2O, CFC-11,12 などが温室効果ガスとして知られている。これらの物質は CO_2 が大気温度を上げる能力と比較して，21 〜 10 000 倍程度の能力をもつ（温暖化係数と呼ばれる）。

現在，人間は化石燃料を通じて 1 年間に約 200 億トンの CO_2 を大気に排出している。自然においても火山や温泉などから CO_2 が放出されているが，その量は約 1 億トンといわれている。また，森林伐採により年間約 70 億トン，さらに人間の呼吸により 18 億トンが排出されていると推定されている。

一方，海洋・湖沼や陸上の植物が大気中の CO_2 を吸収する量は年間 170 億トン程度であるため，結果として約 120 億トンもの CO_2 が増加している。また，CO_2 は大気中に放出されてから植物などに吸収されるまでに約 5 年間を要する。そのため，これから CO_2 の排出を減らす努力をしたとしても，CO_2 濃度は 2100 年ごろまで増加し続け，産業革命（18 世紀半ば）以前（280 ppm）の約 2 倍になるといわれている。

大気中の温室効果ガスの増加は，地球大気の温度を上昇させ，気候に大きな影響を与え，生物生存に不都合なことが起こると考えられている。日本におけ

る影響については，台風，高潮，豪雨，渇水の到来，閉鎖性海域の富栄養化，砂浜の消失，森林生態系，文化財への影響，マラリアなど疫病の発生，日射病等が生じると考えられている。

大気中の CO_2 濃度を 370 ppm レベルで安定させるためには，いまから人間活動による CO_2 排出量を 50〜70％削減する必要があるといわれているが，地球規模で CO_2 排出量を抑制するには至っていない。

日本の CO_2 排出量のうち約 2 割を運輸部門が占める（図 5.3）。自動車は単位輸送量当りの CO_2 排出量が鉄道や飛行機よりも格段に多く，運輸部門の 8 割以上を自動車が占める。京都議定書による 1990 年の基準値に比べると，最大排出減の産業部門は減少傾向にある一方で，民生（業務および家庭）部門が増加している。運輸部門は，単体燃費の向上，貨物輸送の効率化などにより，2000 年以降減少傾向がみられるようになった。

家庭部門については，世帯数の増加，住宅内のエネルギー機器数の増加や大型化によって近年までエネルギー消費量が増加しつづけてきた。一方で，石炭

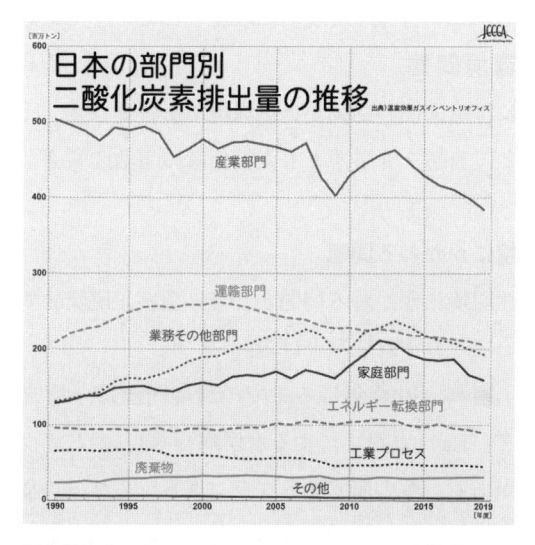

温室効果ガスインベントリオフィスのデータより作成
出典：https://www.jccca.org/download/13336（2021 年 7 月現在）

図 5.3　日本における CO_2 の部門別排出量の推移

から天然ガス化が進み，さらには水力，太陽光，風力，バイオマスなど再生可能エネルギーを積極的に導入しているドイツなどでは CO_2 排出量が大きく減少している。

現在，**気候変動に関する政府間パネル**（International Panel on Climate Change，**IPCC**）が設立され，議論が行われている。2014年に公表された報告書では，2100年に大気中の CO_2 換算濃度を 450 ppm に抑えられれば，気温上昇を産業革命前に比べて2℃未満に抑えられる可能性が高いことが示された。そのためには，再生可能エネルギーなど低炭素エネルギーもしくは炭素ゼロのエネルギーの割合を大幅に増やす必要があるとされている。また，経済やエネルギー問題とも切り離せないため，環境税や排出権取引など具体的な対策の導入などをめぐり，さまざまな議論がなされている。

そのほかにも貧困やテロ対策など地球規模での重要な問題はたくさんある。国際連合は，**持続可能な開発目標**（sustainable development goals，**SDGs**）として17の目標とそれらをより具体化した169のターゲットを設定し，全世界が「誰も取り残されない世界の実現」に取組むこととしている。

5.3.2 地域環境問題

地域環境問題には，人間の活動が自然環境に影響を与え，それが生活の質を低下させる問題と，自然を介さずとも直接他者の生活の質を低下させる問題がある。

〔1〕 **自然環境にかかわる問題**

ここでは，自然環境にかかわる問題として，公害，廃棄物処理，土地利用に関する問題についてそれぞれ取り上げる。

（1） **公　　害**　　1990年ごろまでの環境問題は，地域公害であった。代表的な例として，Hg（水銀）による水俣病や Cd（カドミウム）によるイタイイタイ病などがある。魚の餌であるプランクトンの体内に猛毒の物質（水俣病ではメチル水銀）が入り，それを食べる魚や貝の体内のその物質の濃度が高くなり（生物濃縮と呼ばれる），さらにそれを食べた人間の健康や生命に影響を及ぼす。

5.3 環境問題

また，工場や自動車から排出される窒素酸化物や硫黄酸化物，一酸化炭素などは大気汚染物質として知られており，呼吸器系の病気や中毒症状を引き起こすとともに，文化財にも被害を与える。大気汚染，水質汚濁，土壌汚染，騒音，振動，悪臭，地盤沈下が典型7公害と呼ばれている。大気汚染と騒音は，特に幹線道路の周辺において深刻であり，自動車の影響が指摘されている。

（2）廃棄物処理　資源・エネルギーの消費によって生じる廃棄物は，埋立処分場などに捨てられる家庭の一般廃棄物，企業の産業廃棄物，原子力発電所の放射性廃棄物と，熱などの形で大気圏・水圏・地圏など，所有権・使用権の定まっていない自然へ廃棄されるモノに分けられる（**表5.2, 図5.4**）。自然へ廃棄される場合，その資源は過剰消費されやすい。

表5.2　廃棄物の発生量

一般廃棄物（ごみおよびし尿）	4 272万トン/年（2018年度）
1人1日当り	918グラム　（2018年度）
産業廃棄物	3.8億トン/年（2017年度）
建設発生土	1.3億トン（比重を1と仮定）（2018年度）

また，廃棄物を処理する過程においても資源・エネルギーが投入される。不法投棄に加えて，ダイオキシン，環境ホルモンによる汚染など，ゴミ処理問題も各地で生じている。

廃棄物の削減については，**Reduce**（リデュース＝廃棄物を出さない・減らす），**Reuse**（リユース＝再使用する），**Recycle**（リサイクル＝再資源化する）の**3R**が重要である。3Rはこの順序が重要であり，そもそも廃棄物を出さない社会の形成が求められている。

（3）土地利用に関する問題

土地利用に関する問題としてつぎのようなものがある。

混在：農地と工場，工場と住宅などが隣接することにより，臭いや騒音などの問題が発生。

ヒートアイランド：都市の中で発生する人工熱や大気汚染，建築物などの影響で，都市上空を周囲より高温な空気が島状に覆っている状態。

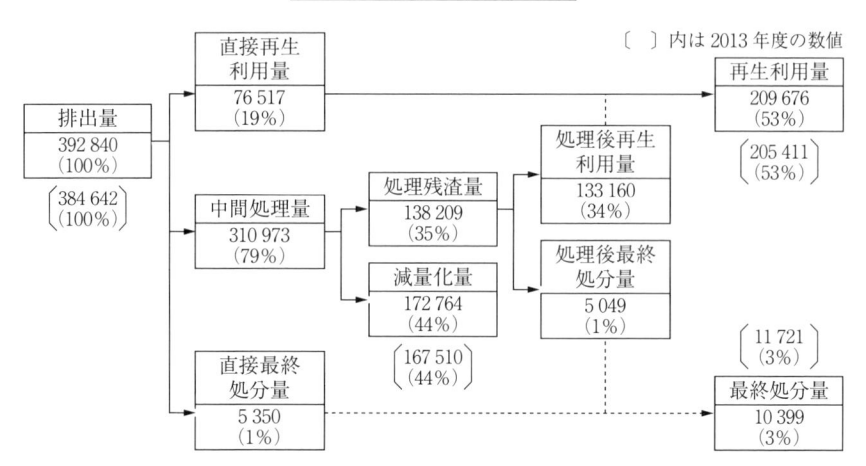

5. 問題と政策

〔　〕内は 2013 年度の数値

(a) 産業廃棄物（2014 年度）〔千トン〕

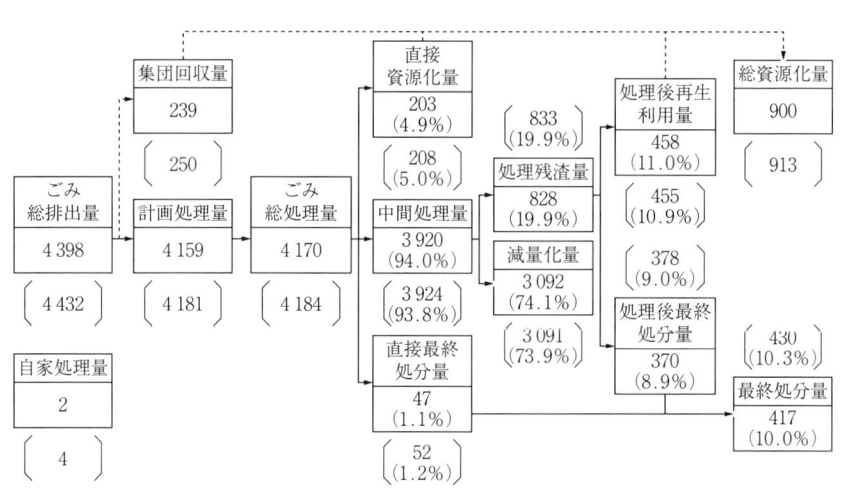

- 排出量 392 840（100%）〔384 642（100%）〕
  - 直接再生利用量 76 517（19%）
  - 中間処理量 310 973（79%）
    - 処理残渣量 138 209（35%）
      - 処理後再生利用量 133 160（34%）
      - 処理後最終処分量 5 049（1%）
    - 減量化量 172 764（44%）〔167 510（44%）〕
  - 直接最終処分量 5 350（1%）
- 再生利用量 209 676（53%）〔205 411（53%）〕
- 最終処分量 10 399（3%）〔11 721（3%）〕

注：各項目量は，四捨五入して表示しているため，収支が合わない場合がある。

(b) 一般廃棄物（2015 年度）〔万トン〕

- ごみ総排出量 4 398〔4 432〕
  - 集団回収量 239〔250〕
  - 計画処理量 4 159〔4 181〕
    - ごみ総処理量 4 170〔4 184〕
      - 直接資源化量 203（4.9%）〔208（5.0%）〕
      - 中間処理量 3 920（94.0%）〔3 924（93.8%）〕
        - 処理残渣量 833（19.9%）〔828（19.9%）〕
          - 処理後再生利用量 458（11.0%）〔455（10.9%）〕
          - 処理後最終処分量 370（8.9%）〔378（9.0%）〕
        - 減量化量 3 092（74.1%）〔3 091（73.9%）〕
      - 直接最終処分量 47（1.1%）〔52（1.2%）〕
- 自家処理量 2〔4〕
- 総資源化量 900〔913〕
- 最終処分量 417（10.0%）〔430（10.3%）〕

注 1：〔　〕内は，2014 年度の数値を示す。
注 2：数値は，四捨五入してあるため合計値が一致しない場合がある。
注 3：（　）内は，ごみ総処理量に占める割合を示す（2014 年度数値についても同様）。

出典：環境省，平成 29 年度版 環境・循環型社会・生物多様系白書より作成，
http://www.env.go.jp/policy/hakusyo/h29/html/hj17020302.html#n2_3_2_1（2018 年 3 月現在）

図 5.4　日本のごみ処理フロー

5.3 環 境 問 題

〔2〕 自然を介さず人間活動の中で生じる問題

ここでは,自然環境を介さない人間活動の中での問題として,居住,福祉,交通,土地利用などに関する問題についてそれぞれ取り上げる。

(1) 居 住 住宅は,睡眠中の身を守る,また暑さ・寒さに適応し,体がぬれないよう,あるいはぬれた体を乾かし,冷えた体を暖めるための空間,そして家族の憩いの場としてきわめて重要である。しかし,現在,暮らしの基盤である仕事と住まいが確保できないハウジングプアと呼ばれる「ホームレス」,「ネットカフェ難民」が増加している。全労働者の3人に1人,若年層では2人に1人が非正規労働者になっており,経済状況が悪くなると,職だけでなく住まいも失う。そして,住まいがないと職探しも困難という構造になっている。居住の安定は生きていく意欲とも大きく関係する。

一方で,空き家が増加している。6063万戸(2013年10月現在)ある総住宅数のうち空き家数は820万戸である。10年前に比べて158万戸増加し,空き家率(総住宅数に占める割合)は2013年で13.5％と,空き家数,空き家率ともに過去最高となっている。また,持家と借家では,住宅の規模が大きく異なる。ファミリー向けの賃貸はきわめて少ない。さらに,持家世帯だけみても,高齢単身・夫婦世帯の約58％が100 m^2 以上の住宅に住んでいる一方で,4人以上世帯の約29％が100 m^2 未満の住宅に住んでいる。こうしたミスマッチはわが国において大きな課題である。

(2) 福 祉 誰もが徒歩で外出したくなる街をつくることは,健常者にとっては体力の低下を防ぎ,リハビリ中の人にとっては機能回復を支援することにもつながる。しかし現在,歩道がない道路も多く,あっても狭く危険を感じるバリアが数多く存在する。また,車がないとアクセスできない場所に病院があったりする。歩道をより安全で快適なものとするとともに,歩道のネットワークの中に,病院や生活利便施設などを配置することが望ましい。例えば,病院に立ち寄ったあと,お寺や神社にお参りをし,最後に商店街で買い物やお茶をして帰ってくる。また,緑道や河川敷を歩くことで季節を感じたり,友達やいろいろな方と出会って元気がもらえるといった空間をつくること

が期待されている。

（3）**交　通**　道路の基本交通容量（1時間で何台の自動車が通行できるかという量）以上に自動車の交通量（交通需要と呼ばれる）が増えると渋滞が生じる。その解消のため，各地で道路の新設・改良が進められているが，時間がかかることや，新設・改良自体が需要を一層増加させるという「誘発需要」もあり，渋滞が解消されない場合も少なくない。渋滞は時間という資源に損失をもたらすとともに，沿道において大気汚染や騒音の被害を拡大する。

これと同時に起こるのが電車やバス利用者の減少である。特に地方では，鉄道のローカル線や路線バスが利用者の減少によって経営状況が悪化し，廃止される路線も続出している。公共交通機関の衰退によって，車を運転できない人の「交通弱者」の問題が拡大している。

一方，大都市においては，通勤通学時の鉄道の混雑も大きな問題として指摘されているが，輸送力の増加，時差通勤の導入，そして携帯ツールの発展による移動中のストレス緩和などにより，徐々に緩和しつつある。

（4）**土地利用**　土地利用にはつぎのような問題点がある。

スプロール（sprawl）：計画的な街路が形成されず，道路，上下水道，学校や病院等のインフラの整備も立ち遅れ，居住環境が整わないまま虫食い状態に宅地化が進んでいくこと。自然環境を損なうとともに，そこでの居住の質も決して高いとはいえない。また，良好な住環境に改善するためには，計画的に開発したときの何倍もの費用を必要とする。

木造密集市街地：狭く老朽化した住宅が多く，日照不良や下水道の整備水準も低いなど，居住水準や衛生面などに多くの課題を抱えており，災害時に大きな被害が想定される。

豊かさを感じられない景観：画一的な郊外風景，シャッターが閉まったままの商店街や，低層の住宅地に突如として建設される高層マンションは，都市の魅力を減じている。

（5）**そ の 他**　空間とは直接関係はないが，誇りそして希望が見えにくい状況にあり，それは，自殺者や行方不明者数として現れている。

5.4 政策・計画

　都市問題への対応が都市政策である。都市政策には，自然環境の保全や社会資本の整備・土地利用の管理といった物的な政策と非物的な要素（産業，福祉，教育，文化等）がある。

　政策（policy）とは，**目標**（goal）とその実現手段として行動の案・方針または**計画**（plan）をセットで示したものをいう。また，計画は，**目的**（objective）とその実現手段をセットで示したものをいう。政策においては，目標達成までの時間はそれほど重視されず，行動の案・方針が重視されるのに対し，計画においては，いつまでにその目的を達成するのかという期間が意識される。なお，目標は価値（個人や社会にとって望ましい価値）を，目的は計画期間において達成する途中段階の目標を意味する。

　公的空間における計画の目的は，対立することもある多様な価値から，そのときどきの状況において調整を経て設定される。また，手段についても，多様な手段をどのように組み合わせるのが目的達成のために最適であるかは，そのときどきの情勢により変化する。したがって，計画自体を法律や条例で一義的に決めることは適切ではない。よって，計画は議会よりも行政の活動としてなされることが多い。

　行政がつくる計画は，**行政計画**（planning administration）と呼ばれる。行政計画には，国民の権利義務を定めるもの（＝拘束的計画。例：市街化区域・市街化調整区域）があるが，行政内部の効果にとどまるもの（＝内部的計画。例：高速自動車国道法の整備計画）や行政にとっても指針にすぎないもの（＝非拘束的計画・指針的計画。例：国土総合開発法の国土総合開発計画）もある。

　計画は法に基づくものとそうでないものがある。なお，計画という名前のついた法律は，2013年7月時点で国土利用計画法，国土形成計画法，都市計画法，社会資本整備重点計画法の四つである。

5. 問 題 と 政 策

ここで，都市計画はつぎの五つの特徴をもつ．

① 対象：生産，交通，居住，余暇活動等，人間生活の主要な場である都市
② 主体：自治体，市民組織，ボランティア団体，NPO および企業等，民間セクターが協働
③ 目標：調和ある都市・地域の持続的な維持・発展
④ 目的：市民生活上の現在および将来の問題の発展的解決
⑤ 手段：自然・歴史環境の保全と活用，土地利用の規制と誘導，住宅・社会資本（インフラストラクチャー）の建設と更新，市街地の整備・再生など，規制と事業を総合的に組み合わせながら行う社会技術

現在，都市や都市内の地区を対象とした計画が複数つくられている（都道府県，市町村，商店街，農地等）．また物的な計画のみならず，非物的な要素（産業，福祉，教育，文化等）にかかわる計画もある．これらの計画間の調整も重要である．

以上，第Ⅰ部では，空間を読む力の基礎となる都市や地域の構成要素について紹介した．「計画」がなくとも都市や地域は自律的に動くこと．また「計画」の必要性について記述した．

6章から都市計画の内容に焦点をあてて説明する．

演 習 問 題

[5.1]　「都市化」，「郊外化」とはなにか．図5.5と図5.6は東京と仙台におけるDID（人口集中区）の拡大過程を示している．どのような特徴がみられるか．今後人口また世帯数が減少していくとき，DIDはどうなるだろうか．

[5.2]　ジェイン・ジェイコブズは「アメリカ大都市の死と生」の中で，ル・コルビュジエの都市革新を批判しました．両者の主張を整理しなさい．

[5.3]　以下の用語について調べなさい．
（1）モータリゼーション，（2）ノーネットロス原則，（3）都市鉱山

演習問題

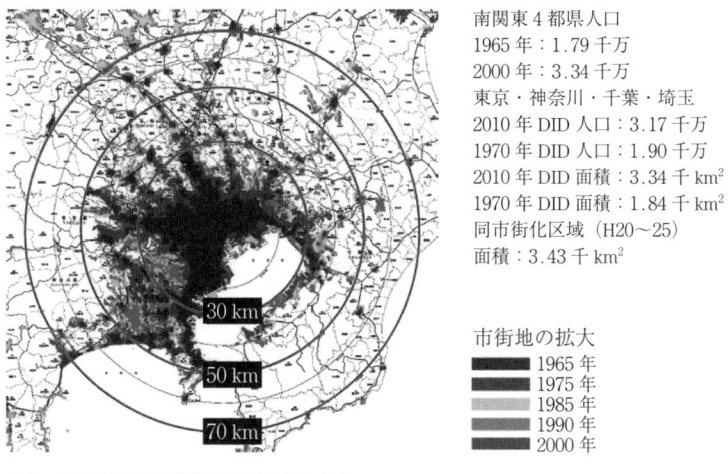

南関東4都県人口
1965年：1.79千万
2000年：3.34千万
東京・神奈川・千葉・埼玉
2010年DID人口：3.17千万
1970年DID人口：1.90千万
2010年DID面積：3.34千km^2
1970年DID面積：1.84千km^2
同市街化区域（H20〜25）
面積：3.43千km^2

市街地の拡大
■ 1965年
■ 1975年
■ 1985年
■ 1990年
■ 2000年

出典：計量計画研究所が国勢調査より作成

図5.5 東京におけるDIDの拡大過程[†]

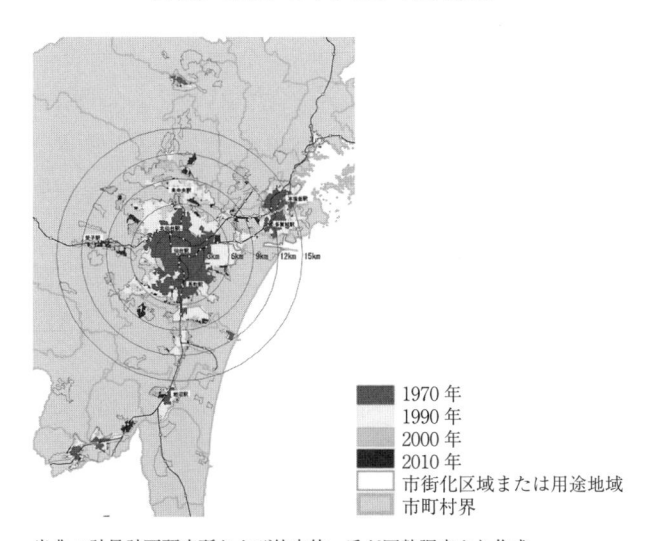

■ 1970年
■ 1990年
■ 2000年
■ 2010年
□ 市街化区域または用途地域
□ 市町村界

出典：計量計画研究所および竹内佑一氏が国勢調査より作成

図5.6 仙台におけるDIDの拡大過程[†]

[†] 本図のカラー画像をコロナ社ウェブサイトの本書詳細ページ（http://www.coronasha.co.jp/np/isbn/9784339056372/）の【関連資料】から閲覧できます（転載等は不可）。

第 II 部

都市計画を学ぶ

6章 都市計画法とマスタープラン

◆ 本章のテーマ

都市計画法（1968年）は，都市計画の基本的な枠組みを定めている。本章では，都市計画に関連する法律および都市計画法の目的や基本理念，そしてそれを地区特性にあわせてその将来像を描く都市計画マスタープランについて紹介する。

◆ 本章の構成（キーワード）

6.1 都市計画に関連する法律・条例
  都市計画法，環境基本計画，建築基準法，持続可能性，ニューアーバニズム，施行令，政令，規則，環境基準法
6.2 マスタープラン
  都市計画マスタープラン，市町村マスタープラン，都市計画区域マスタープラン

◆ 本章を学ぶとマスターできる内容

☞ 都市計画法はどのようなことが述べられているか
☞ 都市計画マスタープランとはどのようなものであるか

```
都市計画法
  主体・目標： マスタープラン
  手　段： 土地利用規制
         都市計画事業；都市施設
                   市街地開発事業
         地区計画
         財源
  手　続
```

6.1　都市計画に関連する法律・条例

都市計画法（city planning act）は単独で存在するのではなく，その他多くの法律や条例と関連している。上位法として，国土利用計画法，国土形成計画法，土地基本法，環境基本法等がある。また，都市施設，市街地開発事業などに関連して**図 6.1** に示すような法律がある。

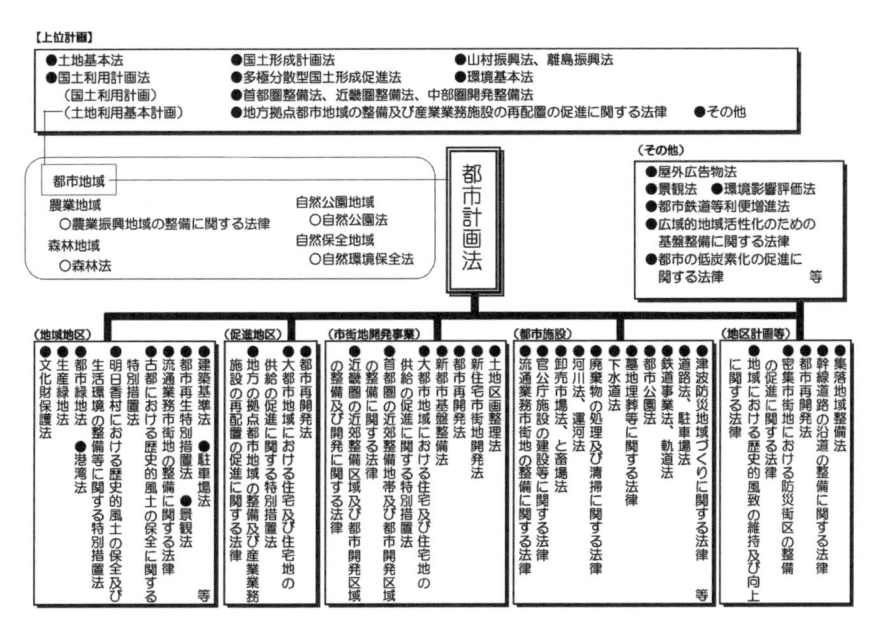

出典：岡山県ウェブサイト，岡山県の都市計画（2017 年度版），
　　　http://www.pref.okayama.jp/uploaded/attachment/223103.pdf（2018 年 3 月現在）

図 6.1　都市計画に関連する法律

市区町村の都市計画は，上位計画そして議会が定める基本構想（地方自治法）に基づき行われる。また，基本構想は総合計画として具体化され，都市計画や**環境基本計画**（basic environmental plan）がその計画の一部として位置づけられる。

都市計画法と並列関係にあって，最も関連する法律は**建築基準法**（building standard law）である。建築基準法は，国民の生命・健康・財産の保護のため，

建築物の敷地・設備・構造・用途についてその最低基準を定めた法律である。都市計画法は都市計画区域内においてのみ適用されるが，建築基準法は全国の建築物に対して適用される。ただし，最低の基準を定めるものであり，望ましい都市環境へと誘導することを目的としたものではない。1982年以降の都市計画法および建築基準法の主たる改正について**表6.1**に示す。

また，都市計画法は都道府県や市町村が定める条例とも関連している。例えば，土地利用の調整を図る，開発事業に当たっての基準を定める，あるいは市民による街づくりの発意を実現する手続を整備するといった「街づくり条例」と密接に関連している。ほかにも，多くの自治体で環境基本計画の策定を規定する条例（環境基本条例）が制定されている。

〔1〕 **都市計画法**　この法律は全97条からなり，総則（目的，基本理念，定義等），都市計画の内容，都市計画の手続，都市計画制限，都市計画事業，都市計画審議会等について記載されている。内容の詳細については，7章以降で紹介する。ここでは総則（第1～6条）について紹介する。

> **第1条**
> **目的**：都市の健全な発展と秩序ある整備を図り，もって国土の均衡ある発展と公共の福祉の増進に寄与すること

そのとおりであるが，その具体的な内容についてはよくわからない。現在，都市の**持続可能性**（sustainability）や都市美を目標にすべきとの議論がなされている。

- **持続可能性**：経済，環境，社会の三つの観点から議論されている。

経済：モノやサービスの供給により，人びとの生活が豊かでありつづけること。働く意思のある人に雇用が確保され，自由に使うことができる所得（可処分所得）が減少しないこと。政府の財政が破綻しないこと（増税を通じて可処分所得の減少になる）も含まれる。

6.1 都市計画に関連する法律・条例

表6.1 1982年以降の都市計画法・建築基準法の主たる改正

年(月)	都市計画法	建築基準法	その他
1982 (11)		施行令改正：総合設計制度，敷地規模下限引下げ	
1983 (2)			通達：住市総の新設，基準容積の1.3〜1.75倍可
(5)	施行令一部改正	小規模建築物の確認審査条項の一部省略，木造建築士	
(7)	通達：市街化調整区域の開発許可規模要件引下げ (20 ha → 5 ha)		都市再開発促進方針：環7内2種住専化，特定街区，民間助成，マンション建築指導要綱行過ぎ是正
1984 (4)	通達：沿道土地利用緩和 3階建て住宅の高さ緩和		
(6)	通達：特定街区；容積割増，空中権の活用		
1985 (5)			国の補助金等の整理及び合理化並びに臨時特例等に関する法律
(12)	通達：用途地域見直し，特定街区の活用，線引き見直し早期完了，保留解除の推進 1種住専の高さ制限緩和		通達：中水道施設等を設置する建築物に関する容積率の特例
	通達：特定街区についての容積率引上げ，移転条件の緩和		許可・認可等民間活動にかかわる規制の整理及び合理化に関する法律
1986 (5)			民活法
1987 (1)	施行規則一部改正		
(6)		木造高さ制限緩和 準防火地域：3階建て 特定道路までの距離 1種住専：12 m 道路斜線，隣地斜線緩和	
1988 (5)		再開発地区計画制度	都市再開発法，土地区画整理法一部改正
1989 (6)			土地基本法，多極分散型国土形成促進法
1990 (6)	住宅地高度利用地区，用途別容積型地区計画 遊休土地転換利用促進地区		大都市住宅供給促進法
1992 (6)	用途地域の細分化（12） 区市町村マスタープラン 誘導容積型及び容積適正配分型地区計画 準耐火構造，準耐火建築物 低層住居専用地区内の敷地面積の最低限度 都市計画区域外の集団規定適用 簡易構造建築物に対する制限緩和		地方拠点都市地域の整備及び産業業務施設の再配置の促進に関する法律
1993 (5)	3大都市圏の一定の市街化区域における開発許可の規制対象面積の引下げ		行政手続法 環境基本法
(6)	法律・施行規則一部改正	法律・施行規則一部改正	
(11)	通達：容積率特例制度の活用		
1994 (6)		地下室の容積率制限の合理化，防火壁の適用されない建築物，手続簡素化	
1995 (2)	街並み誘導型地区計画 一団地の住宅施設の面積要件撤廃 前面道路幅員による容積率制限（住居系用途）12 m以上の幅員の道路に面する建築物の道路斜線制限緩和	建築協定隣接地の所有者が協定に参加可能に	

表 6.1 （続き）

年(月)	都市計画法	建築基準法	その他
1995 (3)			大都市住宅供給促進法一部改正：都心共同住宅供給事業，特定土地区画整理事業面積要件引下げ
(5)			地方分権推進法
(12)	通達：特定街区，住宅供給を行う場合の容積率の最高限度引上げ		
1996 (7)	通達：線引き制度運用見直し		
1997 (6)	共同住宅の共同廊下・階段の容積率不算入 高層住居誘導地区制度 敷地規模別総合設計制度の創設		環境影響評価法 密集市街地整備法
1998 (5)	市街化調整区域における地区計画適用可 特別用途地域の多様化 地方分権推進		中心市街地活性化法 大規模小売店舗法
(6)		建築確認手続の合理化 建築規制内容の合理化 建築規制の実効性の確保	行革基本法 地球温暖化対策推進法
1999 (7)			地方分権一括法 情報公開法
2000	準都市計画区域 地区計画申請制度 都市計画決定の理由書		交通バリアフリー法（ユニバーサルデザインへ） 大規模小売店舗立地法環境指針 循環型社会形成推進基本法
2002	高層住居誘導地区 防災街区整備地区 都市再生整備地区 再開発等促進区 地区整備計画の詳細化 NPO都市計画提案制度	シックハウス対策 斜線制限の緩和	都市再生特別措置法 ハートビル法 マンション建替円滑化法
2003	地区計画の合理化		社会資本整備重点計画法
2004	特例容積率適用地区，景観地区 緑地地域，緑地保全地区		景観法 都市緑地法
2005		耐震偽装問題	国立マンション訴訟 国土形成計画法
2006	街づくり3法改正閣議決定　床面積1万平米以上の大規模集客施設が立地可能な用途地域を現行の6用途地域から3用途地域（近隣商業地域，商業地域，準工業地域）に制限，新たに立地不可となった3用途地域（第2種住居地域，準住居地域，工業地域）については，用途地域の変更や用途を緩和する地区計画決定などの手続によって立地可能。また市街化調整区域内の大規模開発を許可できる基準を廃止し，これまで開発許可が不要だった病院，福祉施設，学校，庁舎などの公共公益施設も開発許可の対象に追加	建築確認制度，建築士制度の見直し	改正（大規模小売店舗立地法・中心市街地活性化法） 最高裁：景観利益を認める 地方分権改革推進法
2007			地方財政健全化法 瑕疵担保責任履行法
2008			青写真判決（1966）の判例変更
2011			東日本大震災
2016		一団地認定の職権取消	
2020			都市再生特別措置法　改正

環境：有限な地球の資源・容量がなくならないこと。健康や環境が損なわれないこと。将来世代も現在世代が得ている生態系サービスを享受し続けられること。

社会：国際間，地域間で富や財，資源の分配が公平に行われ，搾取の構造がないこと。個や種，文化的な**多様性**（diversity）を価値として尊重すること。そしてそのためには，よりよい社会を築こうとする個人の意志と，他者との対話を通したつながり，柔軟で開かれた相互対話と社会への参加が確保されていること。

これらの三つの観点は，相互に関連しており，総体としての持続可能性が求められている。例えば，街なかに賑わいを取り戻すことに貢献している富山市における **LRT**（Light Rail Transit，（低床車両を導入した）**次世代型路面電車**）は，高齢者らに利用され，地域再生や地域活性化の観点からも注目を集めている。しかし，持続可能な交通システムのみで持続可能な都市ができるわけではない。持続可能なエネルギーシステム，物質や水の循環システム，さらには経済システムや社会システムをも含むことが必要である。そうして自然環境との調和を保ちつつ，省資源・省エネルギー型の社会システムの中で安定的な経済活動が営なまれる。

- **都市美**：美しさの基準は人により異なるため，客観的に定義することは容易ではない。しかし，なにが美しくないか，また，なにを大切にしたいかということについては比較的合意は得やすい。

1919年の旧都市計画法において，都市計画とは「交通，衛生，保安，防空，経済等に関し永久に公共の安寧を維持し又は福利を増進するための重要施設の計画にして市もしくは主務大臣の指定する町村の区域内において又はその区域外にわたり執行すべきもの」とされ，美については「等」の中に位置づけられた。

その後，都市の近代化が均質化をもたらし，それが地域のアイデンティティ（地域らしさ）を喪失させてきた。これに対して，歴史的な街並みや建築物また水や緑といった自然資源を生かした都市づくりが期待されている。

> 第2条
> **基本理念**：農林漁業との健全な調和を図りつつ，健康で文化的な都市生活及び機能的な都市活動を確保すべきこと並びにこのためには適正な制限のもとに土地の合理的な利用が図られるべきこと

わが国の国土全体が都市計画の対象となるわけではない。都市計画法の対象となる都市計画区域（第5条）は，国土面積の約26％である。その境界は農地だったり，森林や海岸だったりする。農地には農地法など，森林には森林法などが存在し，所管する省庁そして地方公共団体の担当部局が異なる。そうした関連組織の政策・計画との調整が必要である。

この都市計画区域内に全人口の約95％，約1億1千万人が生活している。自分の所有する土地だからといって自由に利用できるわけではなく，制限のもとで合理的な利用が図られるべきことが述べられている。

コラム

ニューアーバニズム（new urbanism）

1991年秋，アメリカのヨセミテ国立公園内のホテル「アワニー」に，ピーター・カルソープ，アンドレス・デュアニィ，マイケル・コルベットら専門家と地方自治体の幹部が集まってニューアーバニズム会議が開かれ，**アワニー原則**（the Ahwahnee Principles）が採択された。これは，アメリカの抱える社会問題はコミュニティの崩壊によってもたらされたものであり，その原因は自動車に過度に依存したエネルギー大量消費型の都市づくりにあるとし，その解決策として，自動車への過度な依存を減らし，生態系に配慮し，人びとが自ら居住するコミュニティに対する強い帰属意識と誇りが持てるような都市の創造を提案した。

1996年の第4回ニューアーバニズム会議において，①歩行者を優先し自動車への依存を少なくする都市構造，②公共交通システムの優先，③歩行圏内での適度な多様な用途の複合，④職と住のバランス，⑤多様なニーズに応える住宅供給，⑥街のアクティビティ空間としての街路，⑦自然環境の保護と生態系の保全，⑧計画プロセスへの住民の参加の8点を基本とする**ニューアーバニズム憲章**（Charter of the New Urbanism）が採択された。

6.1 都市計画に関連する法律・条例

こうした多様性，コミュニティ，質素，ヒューマン・スケールというアメリカの伝統的価値観に基づく新しい都市・街づくりのコンセプトを「ニューアーバニズム」という。代表例として**TOD**（transit oriented development，**公共交通指向型開発**）がある（図参照）。このコンセプトは，アメリカの多くの地方自治体において，バランスのとれた都市の発展を推進するための都市の成長管理政策である**スマート・グロース**（smart growth）に反映されている。

ヨーロッパの**コンパクトシティ**（compact city），イギリスの**アーバンビレッジ**（urban village）もほぼ同様の概念である。

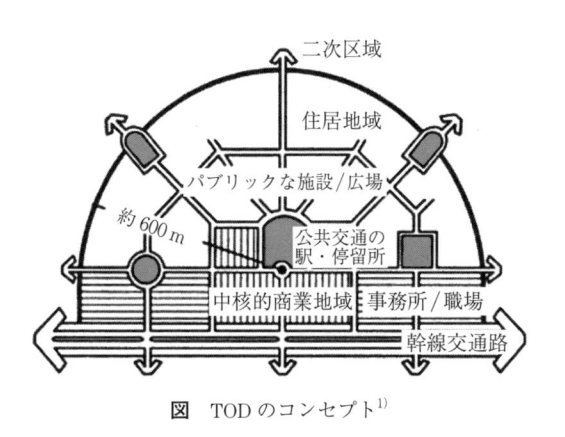

図　TODのコンセプト[1]

第3条

国，地方公共団体および住民の責務：国及び地方公共団体は，都市の整備，開発その他都市計画の適切な遂行に努めなければならない。<u>都市の住民は，国及び地方公共団体がこの法律の目的を達成するため行なう措置に協力し，良好な都市環境の形成に努めなければならない。</u>国及び地方公共団体は，都市の住民に対し，都市計画に関する知識の普及及び情報の提供に努めなければならない。（下線部は筆者が追加）

都市計画を定めるのは，国および地方公共団体であり，都市の住民は，協力するという位置づけになっている。都市住民の役割について12章以降でより詳しく述べる。

第4条は，定義であり，都市計画法で用いられる用語の定義が述べられている。第5条は，都市計画区域について述べられている。その内容については7章で述べる。第6条は，都市計画に関する基礎調査であり，おおむね5年ごとに人口規模，市街地面積，土地利用，交通量等についての現況および将来見通しの調査が行われる。

〔2〕 **都市計画施行令・施行規則** 国会や地方議会で定める法律・条例は基本的な方針だけにとどめ，その実施に必要な政令・省令・規則などの制定を行政に任せることを委任立法と呼ぶ。都市計画法についても，法律だけでなく，政令として都市計画施行令，また国土交通省令として，都市計画法施行規則が定められている。これらの内容は，すべて電子政府の総合窓口・法令データ提供システム（e-Gov（イーガブ））http://law.e-gov.go.jp/（2014年2月現在）から検索・閲覧可能である。

〔3〕 **環境基本計画** 1994年，ブラジルで開催された地球サミット（1992）の成果を踏まえ，国における環境政策の枠組を示す**環境基本法**（basic environment law）が制定され，その中で国が環境基本計画を策定することが義務づけられた。

一方，地方では公害問題を契機として1973（昭和48）年の大阪府を皮切りに「環境管理計画」という名称で，環境基本計画の前身となる計画の策定が行われてきた。地方公共団体が大気，水質，自然環境などを将来にわたって守り，適切に利用していくため策定する計画であり，望ましい地域環境のあり方を実現するための基本的な方策やその方策を具体化する手順などが示されている。現在は，多くの環境基本計画がつくられるようになっており，空間との関係においては，都市計画との連携も重要なテーマとなっている。

6.2 マスタープラン

都市計画マスタープラン（city master plan，単にマスタープランともいう）は，都市の将来像を明示する基本方針であり，わが国においては，1992（平成

6.2 マスタープラン

4) 年の都市計画法改正で示された。都市計画マスタープランには，1992年の法改正時に各自治体に対して導入された市町村マスタープラン（市町村の都市計画の基本方針，都市計画法第18条の2）と2000（平成12）年の都市計画法改正で導入された，より広域的なマスタープランとして都道府県が定める都市計画区域マスタープラン（都市計画法第6条の2）とからなる。ともに，10〜20年を計画期間としている。策定には，都市計画基礎調査の活用，上位計画・関連計画との調整，広域的な都市圏のプランとの調整，地区レベルのプランとの調整などがなされる。

検討の早い段階において住民の意見を反映させるための措置が求められているという点が，7章で説明する土地利用規制との違いである。

図6.2にマスタープランのつくり方の流れを示す。

① 前提条件の整理
　・自然，社会，経済，現況の土地利用
　・総合計画，部門別（健康福祉，経済振興，交通，水系，住宅，緑，環境，防災）計画
② 基本フレームの設定
　・人口，産業，所得，就業，土地・水・エネルギー
③ 都市空間への配分
　・都心の高度利用，周辺部整備，新市街地開発
④ 土地利用計画
　・オープンスペース，環境容量
⑤ 都市基盤
　・交通，用水，廃棄物処理
⑥ 市街地整備
　・ストック改善
⑦ 関係主体との調整
⑧ 実施・事後評価

図6.2　マスタープランのつくり方の流れ

6.2.1 市町村マスタープラン（市町村の都市計画の基本方針）

このマスタープランの創設時の目的は

- 都市の将来像および市町村の定める都市計画の方針の明示

- 都市計画の総合性，一体性の確保
- 住民の理解，具体の都市計画の合意形成の円滑化

などであり，今後10～20年を期間として，街づくりの理念や都市計画の目標，全体構想，地域別構想が示される。全体構想では，めざすべき都市像，都市像実現の主要課題，課題に対応した整備方針（土地利用，市街地整備，都市施設，環境，景観等）が記載される。地域別構想では，地域別のあるべき市街地像，整備方針（建築物の用途・形態，都市交通，公園緑地，景観等），そして実施されるべき施策が記述される。

6.2.2 都市計画区域マスタープラン

このマスタープランの創設時の目的は
- 住民にわかりやすい都市の将来像の提示
- 広域根幹的施設および主要な都市機能配置の合意形成の円滑化
- 実効性のある都市の整備，開発，保全の推進

などであり，目標，区域区分の決定の有無，土地利用・都市施設・市街地開発事業に関する主要な都市計画の決定の方針が記載される。

こちらは，最終的には都市計画決定される。

6.2.3 マスタープランの課題

マスタープランの今後の課題は以下のようなものがある。
- 結果をどうルール化するか，また，権利を制限するか（争えるのか）
  市総合計画（地方自治法），環境管理計画との関係
  土地地用規制や事業との関係
- 策定プロセス
  市民が参加した場合の権利と責任，誰がどうサポートするか
  議会の議決事項にすべきか
- 表現方法：これまで冊子がつくられ，有料で市民に配布されていることが多いが，誰もが自由にアクセスできるようにすべきではないか

6.2 マスタープラン

多くの市町村で，都市計画マスタープランの改定作業が進められている。みなさんも説明会などに参加してみてはいかがだろうか。

コラム

アメリカのマスタープラン

アメリカでは，「都市のあるべき姿」＝「計画の目的，構想図，ビジョン」を示し，自治体の公共事業や民間の宅地開発における空間的事前調整を行うため，1920 年代にマスタープランが誕生した。

【略史】

1920 年代　平面図，立面図，透視図→都市美の追求
　　　　　＊実際の事業・規制との関連性薄い

1950 年代　スラム除去，公営住宅建設，高速道路整備
　　　　　都市更新が連邦政府の補助金のもとになされる
　　　　　→マスタープランとの合致性が訴訟での大きな論点となる。

1960 年代　「公益性の名のもとに社会的弱者を無視し，抑圧してきたのではないか」，「将来像を固定的に決めすぎるのではないか」との批判

1970 年代　プロダクトとしてのプランからプロセスを重視したプランニングへの移行

1980 年代　官民パートナーシップに基づく都市開発プロジェクト（事業コンペ）
　　　　　「官僚の頭の中」にあった計画を「市民」の中のものとなっている。

マスタープラン（コンプリヘンシブプラン，ジェネラルプラン）は土地利用の憲法と呼ばれ，都市計画との合致性が求められる。特徴はつぎのように整理される。

・根拠性，ビジョン性（マップ→ダイヤグラム）の要求
・全体性（長期，広域，総合（土地利用，交通，住宅，環境））
・実現手段とのリンケージ（計画なくして開発なし）
　ゾーニング，宅地分割規制図，建築許可（ゾーニングへの適合性），公共事業
・公開性，明示性，参加可能性「透明性」
・立法行為（議会の義務）

【内容と構成】

・前提条件，基本フレーム

自然，気候，地形，地質，水系，植生，希少動物，景観，災害履歴
人口，雇用・所得，産業構造
教育，福祉・医療，経済開発，財政・投資，労働，ライフスタイル（時間）

【七つのエレメント】（州議会の関心：アンダーライン，立法行為）

① 土地利用：人口密度，建築規模の基準，用途配分，洪水を受けやすい地区（毎年見直し），森林含む
② 交通：開発パターンとの関係，TOD，公共交通
③ 住宅：あらゆる収入階層の住宅需要の予測，要求に応ずるプログラム，毎年の住宅建設戸数，そのことを正当化する理由説明，公衆衛生・安全・福祉の増進に与える影響の把握
④ 保全：洪水コントロール，水質，大気汚染，農地，絶滅に瀕する種のような自然資源の手当て
⑤ オープンスペース：長期的な保存（1970年より）
⑥ 騒音：コミュニティにおける騒音問題とその防止手段（1971年より）
⑦ 安全：地震，地質，洪水，野火，コミュニティから守る

・オプションのエレメント
　上下水道，廃棄物処理，経済開発，人的資源（雇用，教育），リクリエーション，公園，大気質，公共施設，歴史保存，コミュニティデザイン，エネルギーなど

各エレメントは同位，相互に一致，内部整合性，エリアプランと全体の一致が求められる。

【例：交通】（文中のサービスレベルのアルファベットはその水準を表す）

ゴール：市内の街路での自動車交通の混雑がなくなる
目的：今後の10年以内に，交通信号を有するあらゆる幹線の交差点におけるサービスのピーク時間レベルを受け入れ可能なものにする
方針1：市は，サービスC以下のピーク時間レベルの幹線交差点に左折車線を設ける
方針2：サービスがD，E，Fのピーク時間レベルの幹線交差点に対し，市は左折車線だけではサービスCのピーク時間レベルが実現しないときには，左折信号を設ける
実現手段：左折車線用の交通信号は，条件付利用許可，建築許可あるいは仮地図と連動して課せられる開発負担金でまかなう

演習問題

〔6.1〕 国土計画の変遷について調べてみなさい。

〔6.2〕 自分の市区町村の総合計画を調べてみなさい。都市計画以外にどんな計画があるか調べなさい。さらに，環境に関してはどのような計画がつくられているか調べなさい。

〔6.3〕 市区町村マスタープランについて以下のことを調べなさい。
（1） 市民の意見はどう反映されているのだろうか
（2） なぜ1992年までマスタープランは不要だったのだろうか
（3） マスタープランの作成に要した時間（可能なら費用についても）

〔6.4〕 アレグサンダーの「パタン・ランゲージ」とはなにか調べなさい。マスタープランや総合計画の作成に役に立てることは可能であるか考察しなさい。

7章 土地利用規制

◆ 本章のテーマ

　土地や建物は不動産と呼ばれ，個人・企業そして政府によって所有されている。所有権とは自由に使用，収益，処分ができることをいうが，個人や企業が自由に使用するとさまざまな問題を引き起こす。そのため，土地の利用には規制が行われている。
　本章では，なぜ土地利用規制が必要か，またいかなる規制が行われているかについて説明する。

◆ 本章の構成（キーワード）

7.1　土地利用計画の必要性
7.2　都市計画区域と区域区分
　　　都市計画区域，市街化（調整）区域，線引き，開発許可
7.3　地域地区
　　　地域地区，用途地域，補助的地域地区，容積率，建蔽率
　　　ハザードマップ，災害危険区域

◆ 本章を学ぶとマスターできる内容

☞　土地利用規制とはどのようなものか
☞　どのような規制が行われているか

```
都市計画法
　主体・目標：マスタープラン
　手　段：土地利用規制
　　　　　都市計画事業；都市施設
　　　　　　　　　　　市街地開発事業
　　　　　地区計画
　　　　　財源
　手　続
```

7.1　土地利用計画の必要性

　土地利用がまったくの自由であるとしたらどんな都市ができるであろうか。例えば，工場を作りたい人が工場をつくり，住宅を建てたい人は住宅を建て，デパートをつくりたい人がデパートをつくり，道路をつくりたい人が道路をつくり，駐車場にしたい人が駐車場をつくる，公園が欲しいと思った人が公園をつくる。

　無秩序な都市ができるだろうか。いや，工場や高層マンションが隣にできて嫌なら，別の場所に住みかえればよいし，デパートができたらその周りに駐車場もできるから，自然と住みやすい街になるのではないだろうか。

　しかし，後者の議論が成り立つにはいくつかの前提条件がある。
- 土地を別の用途に転換するコストは無視できる。
- 個々人の予算に制約はなく，引越費用は無視できる。
- 道路や公園などの設置や維持管理の費用を利用者から徴収することができる。

　こうした条件は一般には成立しない。結果として，落ち着いた街並みの中のパチンコ店や高層マンション，シャッターが降りたままの商店街，渋滞が一向に解消しない道路などが生じ，コミュニティ形成がなされず，子どもにとっても高齢者にとっても住みにくい都市が形成される。すなわち，われわれは「自由は素晴らしい」と思っているが，おそらくこのような「自由」都市には誰も住みたいとは思わないのではないだろうか。

　そこで，土地利用には，長期的広域的な視点から適正な制限，規制が必要である。この規制は，以下の二つの目的でなされる。

　① 外部不経済の排除・縮小：安全（危険），利便（混雑），快適（公害）
　② 外部経済の享受：集積の利益（専用地域），社会資本の効率的供給

　次節より，都市計画法における具体的な土地利用規制について紹介する。

7.2 都市計画区域と区域区分

7.2.1 都市計画区域

都市計画区域（city planning area）は，都市計画法第5条の中で「都道府県は，市又は人口，就業者数その他の事項が政令で定める要件に該当する町村の中心の市街地を含み，かつ，自然的及び社会的条件並びに人口，土地利用，交通量その他国土交通省令で定める事項に関する現況及び推移を勘案して，一体の都市として総合的に整備し，開発し，及び保全する必要がある区域を都市計画区域として指定するものとする」として定義されており，都市計画を立案し実施する空間的単位のことである．都市計画法では，人口1万人以上，中心市街地の人口が3000人以上，多数の人が集中するために良好な環境形成が必要な場合や，災害地域の復興を図る必要がある場合などにおいて，都市計画区域が設定される．また，中心市街地から離れた郊外においても無秩序な開発の可能性がある区域について，準都市計画区域を指定することができる．そこでは必要な規制のみが行われる．

7.2.2 区域区分

都市計画区域は，**市街化区域**（urbanization promotion area）と**市街化調整区域**（urbanization control area）に区分される．

市街化区域は，①すでに市街化がなされている区域，および②今後10年間で優先的に市街化を図る区域であり，積極的に都市施設を配置し，用途地域の指定（後述）を行って土地利用を規制し，計画的に市街地を形成する地域のことである．

一方，市街化調整区域は，当面は市街化を抑制する区域および市街化させない区域である．

区域区分（area division）は**線引き**（area division system）と呼ばれているが，線引きがなされない都市計画区域も存在する．これは市街化の進展が緩やかな都市などに多く，未線引き都市計画区域と呼ばれている．

7.2 都市計画区域と区域区分

都市計画区域や準都市計画区域内で行われる開発行為においては，知事（指定都市などにおいては市長）の許可が必要である（都市計画法第29～34条）。**図7.1**に**開発許可**（development permit）の基準を示す。

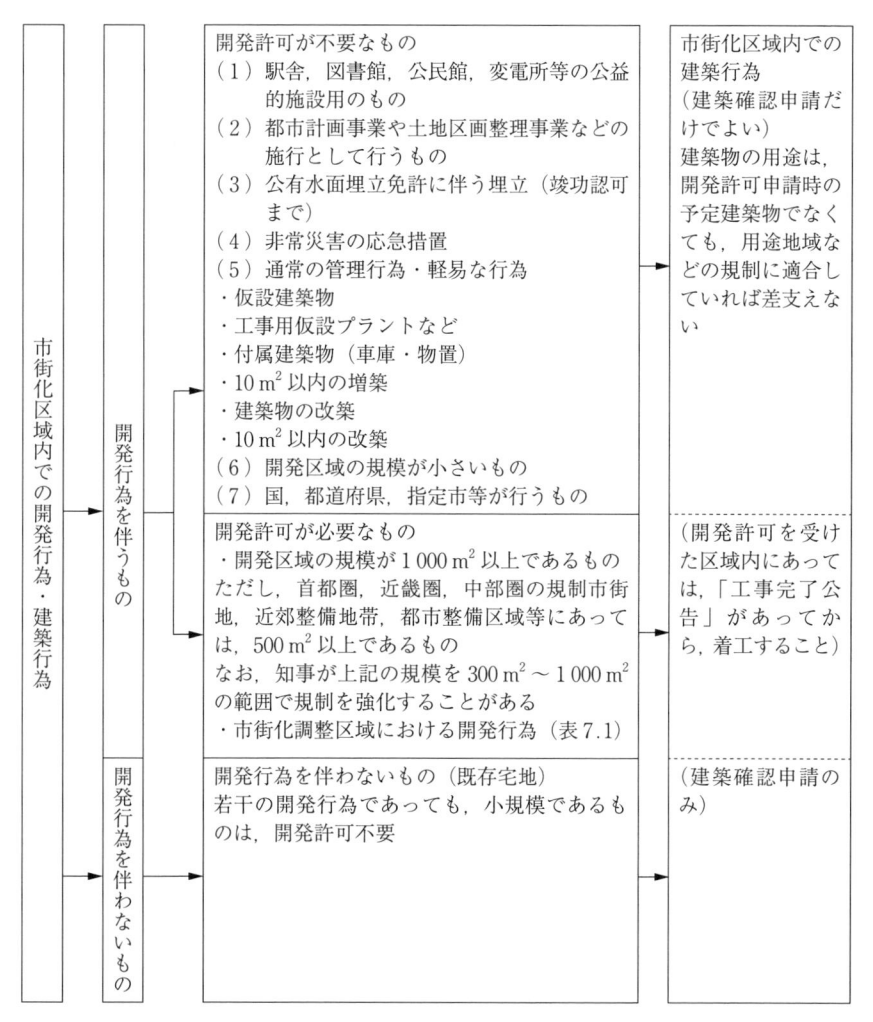

市街化区域内での開発行為・建築行為	開発行為を伴うもの	開発許可が不要なもの （1）駅舎，図書館，公民館，変電所等の公益的施設用のもの （2）都市計画事業や土地区画整理事業などの施行として行うもの （3）公有水面埋立免許に伴う埋立（竣功認可まで） （4）非常災害の応急措置 （5）通常の管理行為・軽易な行為 ・仮設建築物 ・工事用仮設プラントなど ・付属建築物（車庫・物置） ・10 m² 以内の増築 ・建築物の改築 ・10 m² 以内の改築 （6）開発区域の規模が小さいもの （7）国，都道府県，指定市等が行うもの	市街化区域内での建築行為 （建築確認申請だけでよい） 建築物の用途は，開発許可申請時の予定建築物でなくても，用途地域などの規制に適合していれば差支えない
		開発許可が必要なもの ・開発区域の規模が 1 000 m² 以上であるもの ただし，首都圏，近畿圏，中部圏の規制市街地，近郊整備地帯，都市整備区域等にあっては，500 m² 以上であるもの なお，知事が上記の規模を 300 m² ～ 1 000 m² の範囲で規制を強化することがある ・市街化調整区域における開発行為（表7.1）	（開発許可を受けた区域内にあっては，「工事完了公告」があってから，着工すること）
	開発行為を伴わないもの	開発行為を伴わないもの（既存宅地） 若干の開発行為であっても，小規模であるものは，開発許可不要	（建築確認申請のみ）

図7.1 開発許可基準[1]

ここで，**開発行為**（development）とは建築物の建築などを目的に，土地の区画を分割・統合したり，造成工事をしたり，農地から宅地へ地目を変更するなど，「土地の区画形質の変更」をすることをいう。市街化調整区域における開発許可の基準は，**表7.1**のとおりである。

表7.1　市街化調整区域における開発許可

	都市計画法第34条　市街化調整区域にかかる開発行為については，つぎの各号のいずれかに該当すると認める場合でなければ，各都道府県は，開発許可をしてはならない。
第1号	周辺の地域に居住している住民の利用に供する公益上必要な建築物および日常生活に必要な物品の販売，加工，修理等を営む店舗や事業場など
第2号	鉱物資源や観光資源などの有効な利用上必要な建築物など
第3号	温度，湿度，空気等について特別の条件を必要とする政令で定める事業の用に供する建築物など
第4号	農林水産の用に供する建築物および農林水産物の処理，貯蔵，加工に必要な建築物など
第5号	農林業等活性化基盤施設である建築物
第6号	都道府県が国，独立行政法人中小企業基盤整備機構と一体となって助成する中小企業のための建築物など
第7号	市街化調整区域内の工場施設における事業と密接な関連をもつ建築物など
第8号	危険物の貯蔵や処理に供する建築物などで，市街化区域内に建築することが不適当なものとして政令で定めるもの
第9号	前各号に規定するもののほか，市街化区域内において建築または建設することが困難または不適当な施設（ガソリンスタンド，ドライブイン）
第10号	地区計画，集落地区計画の区域内で，計画内容に適合する建築物など
第11号	市街化区域に隣接し，市街化区域と一体的な日常生活圏を構成している地域で，おおむね50以上の建築物が連担している地域のうち，都道府県が条例で定めた区域内で行う開発行為で，予定建築物などの用途が，環境の保全上支障があると認められる用途として定めるものに該当しないもの
第12号	周辺の市街化を促進するおそれがなく，かつ市街化区域において行うことが困難と認められる開発行為として都道府県の条例で定められたもの
第13号	区域区分に関する都市計画決定，または市街化調整区域の拡張の際に，都市計画の決定または変更の日から起算して6月以内に届け出たものが，既存権利の行使として行う開発行為
第14号	都道府県知事が開発審査会の議を経て，開発区域の周辺における市街化を促進するおそれがなく，かつ，市街化区域内において行うことが困難または著しく不適当と認められる開発行為

区域区分の問題点として，以下の点があげられている。

市街化区域：今後10年間に優先的に市街化を図るとされながら，農地のまま何十年も存在し続けている土地（市街化区域内農地）がある。もちろん，市街化区域内農地は，都市の貴重な緑を提供し，食料消費の場でしかない都市において食料生産を行っており，環境学習の場としても重要であるとの意見もあるが，重要度が高い農地であれば，市街化調整区域ではないか。

　また，一定規模未満の開発は許可が不要であるため，その規模以下のミニ開発（小規模な戸建住宅地開発）を助長し，それが生活の質を低下させるとの指摘もある。

市街化調整区域・白地地域：市街化を抑制する地域であるとされているにもかかわらず，市街化がなされるケースがある。

7.3　地 域 地 区

都市計画区域内の土地について，その利用目的によって地域や地区を指定し，建築物の用途・形態などに規制を行い，良好な環境の形成・保全や合理的な利用を図る。このような**地域地区**（land use zoning）は，用途地域と補助的地域地区に大別される。

〔1〕　**用 途 地 域**　　市街化区域において，住居系（7種類），商業系（2種類），工業系（3種類）の12種類のうち，いずれかの用途地域が指定される（**図7.2**）。

そして，それぞれ地域ごとに，用途および形態（建蔽率，容積率，高さ，日影，敷地面積，壁面後退）規制がなされる（**表7.2**，**表7.3**，**図7.3**）。

7. 土地利用規制

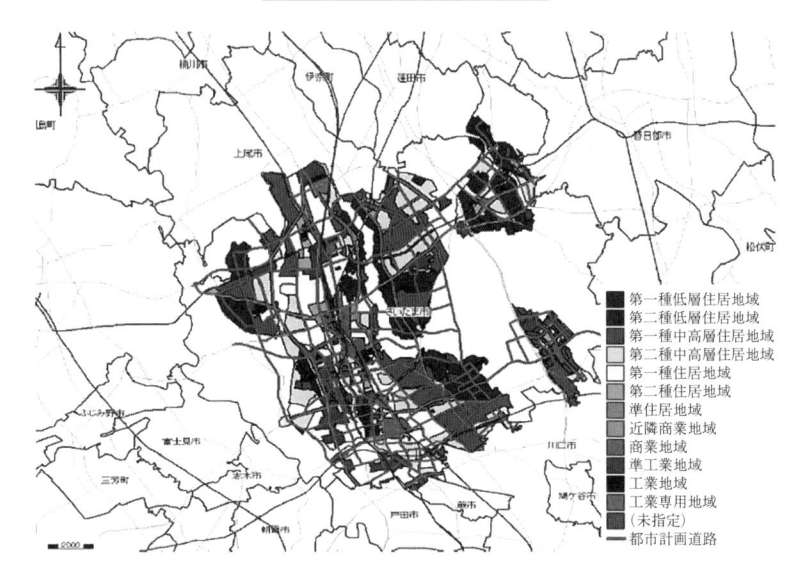

参考：さいたま市 地図情報ウェブサイト，都市計画図，
http://www.city.saitama.jp/001/010/014/008/p054550_d/fil/toshikeikakuzu.pdf（2018年3月現在）

図7.2 都市計画図の例（さいたま市）

表7.2 用途地域の種類と容積率・建蔽率

地域	用途地域	内容	建蔽率〔%〕	容積率〔%〕	共同住宅	店舗
住居系	第一種低層住居専用地域	低層住宅のための地域。小規模な店や事務所をかねた住宅や，小中学校などが建てられる。	30, 40, 50, 60	50, 60, 80, 100, 150, 200	○	×
	第二種低層住居専用地域	おもに低層住宅のための地域。小中学校などのほか，150 m² までの一定の店などが建てられる。			○	△
	第一種中高層住居専用地域	中高層住宅のための地域。病院，大学，500 m² までの一定の店などが建てられる。		100, 150, 200, 300	○	○
	第二種中高層住居専用地域	おもに中高層住宅のための地域。病院，大学などのほか 1 500 m² までの一定の店や事務所など必要な利便施設が建てられる。			○	○
	第一種住居地域	住居の環境を守るための地域。3 000 m² までの店舗，事務所，ホテルなどは建てられる。	60	200, 300, 400	○	○
	第二種住居地域	おもに住居の環境を守るための地域。店舗，事務所，ホテル，カラオケボックスなどは建てられる。			○	○

7.3 地域地区

表7.2 （続き）

地域	用途地域	内容	建蔽率〔%〕	容積率〔%〕	共同住宅	店舗
住居系	準住居地域	道路の沿道において，自動車関連施設などの立地と，これと調和した住居の環境を保護するための地域。	60	200, 300, 400	○	○
商業系	近隣商業地域	周りの住民が日用品の買物などをするための地域。住宅や店舗のほかに小規模の工場も建てられる。	80	200, 300, 400, 500, 600, 700, 800, 900, 1 000	○	○
商業系	商業地域	銀行，映画館，飲食店，百貨店などが集まる地域。住宅や小規模の工場も建てられる。	80		○	○
工業系	準工業地域	おもに軽工業の工場やサービス施設などが立地する地域。危険性，環境悪化が大きい工場のほかは，ほとんど建てられる。	60	200, 300, 400	○	○
工業系	工業地域	どんな工場でも建てられる地域。住宅や店は建てられるが，学校，病院，ホテルなどは建てられない。	60	200, 300, 400	○	○
工業系	工業専用地域	工場のための地域。どんな工場でも建てられるが，住宅，店，学校，病院，ホテルなどは建てられない。	30, 40, 50, 60	200, 300, 400	×	×

出典：国土交通省都市局都市計画課ウェブサイト，用途地域より作成，各用途地域のイメージ，http://www.mlit.go.jp/common/000234474.pdf （2018年3月現在）

表7.3 用途地域において認められる用途

例 示	第一種低層住居専用地域	第二種低層住居専用地域	第一種中高層住居専用地域	第二種中高層住居専用地域	第一種住居地域	第二種住居地域	準住居地域	近隣商業地域	商業地域	準工業地域	工業地域	工業専用地域
住宅，共同住宅，寄宿舎，下宿												■
兼用住宅のうち店舗，事務所等の部分が一定規模以下のもの												■
幼稚園，小学校，中学校，高等学校												■
図書館等												■
神社，寺院，教会等												
老人ホーム，身体障害者福祉ホーム等												■
保育所等，公衆浴場，診療所												
老人福祉センター，児童厚生施設等	①	①										
巡査派出所，公衆電話所												
大学，高等専門学校，専修学校等	■	■									■	■
病院	■	■									■	■
床面積の合計が150 m² 以内の一定の店舗，飲食店等	■											④
床面積の合計が500 m² 以内の一定の店舗，飲食店等	■	■										④

7. 土地利用規制

表7.3 （続き）

例示	第一種低層住居専用地域	第二種低層住居専用地域	第一種中高層住居専用地域	第二種中高層住居専用地域	第一種住居地域	第二種住居地域	準住居地域	近隣商業地域	商業地域	準工業地域	工業地域	工業専用地域
上記以外の物品販売業を営む店舗,飲食店				②	③							
上記以外の事務所等				②	③							
ボウリング場,スケート場,水泳場等					③							
ホテル,旅館					③							
自動車教習所,床面積の合計が15 m² を超える畜舎					③							
マージャン屋,ぱちんこ屋,射的場,勝馬投票券発売所等												
カラオケボックス等												
2階以下かつ床面積の合計が300 m² 以下の自動車車庫												
営業用倉庫,3階以上または床面積の合計が300 m² を超える自動車車庫（一定規模以下の附属車庫を除く）												
客席の部分の床面積の合計が200 m² 未満の劇場,映画館,演芸場,観覧場												
客席の部分の床面積の合計が200 m² 以上の劇場,映画館,演芸場,観覧場												
キャバレー,料理店,ナイトクラブ,ダンスホール等												
個室付浴場に係る公衆浴場等												
作業場の床面積の合計が50 m² 以下の工場で危険性や環境を悪化させるおそれが非常に少ないもの												
作業場の床面積の合計が150 m² 以下の自動車修理工場												
作業場の床面積の合計が50 m² 以下の工場で危険性や環境を悪化させるおそれが少ないもの												
日刊新聞の印刷所,作業場の床面積の合計が300 m² 以下の自動車修理工場												
作業場の床面積の合計が50 m² 以下の工場で危険性や環境を悪化させるおそれがやや多いもの												
危険性や環境を悪化させるおそれが多いもの												
火薬類,石油類,ガス等の危険物の貯蔵,処理の量が非常に少ない施設				②	③							
火薬類,石油類,ガス等の危険物の貯蔵,処理の量が少ない施設												
火薬類,石油類,ガス等の危険物の貯蔵,処理の量がやや多い施設												
火薬類,石油類,ガス等の危険物の貯蔵,処理の量が多い施設												

☐ 建てられる用途　▨ 建てられない用途
①は,一定規模以下のものに限り建築可能。
②は,当該用途に供する部分が2階以下かつ1 500 m² 以下の場合に限り建築可能。
③は,当該用途に供する部分が3 000 m² 以下の場合に限り建築可能。
④は,物品販売店舗,飲食店が建築禁止。

7.3 地域地区

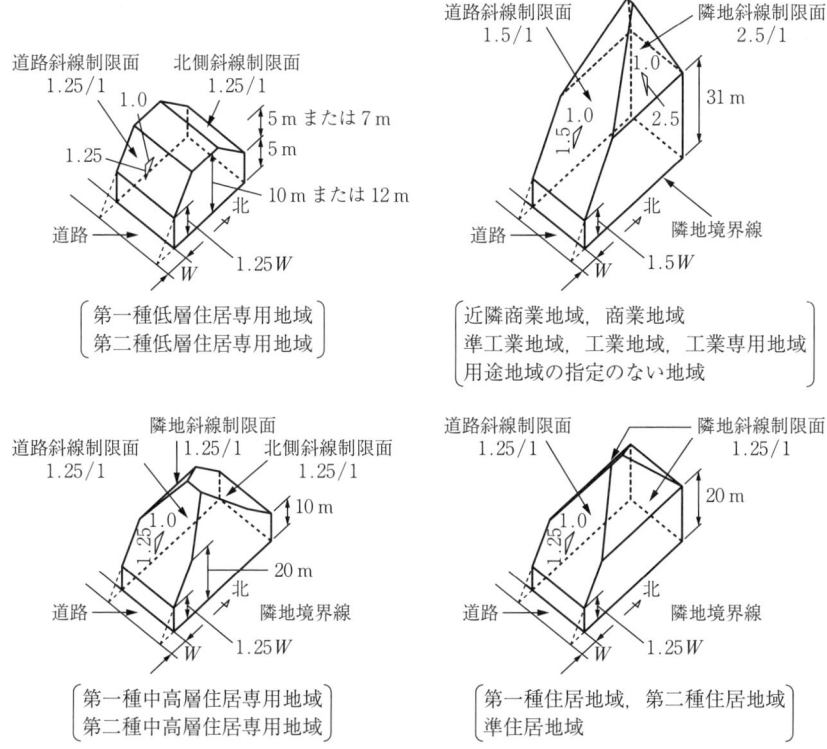

図 7.3 形態規制および用途制限

（図中の注記）
- 道路斜線制限面 1.25/1
- 北側斜線制限面 1.25/1
- 5 m または 7 m
- 10 m または 12 m
- 1.25W
  〔第一種低層住居専用地域／第二種低層住居専用地域〕

- 道路斜線制限面 1.5/1
- 隣地斜線制限面 2.5/1
- 31 m
- 1.5W
  〔近隣商業地域，商業地域／準工業地域，工業地域，工業専用地域／用途地域の指定のない地域〕

- 道路斜線制限面 1.25/1
- 隣地斜線制限面 1.25/1
- 北側斜線制限面 1.25/1
- 10 m
- 20 m
- 1.25W
  〔第一種中高層住居専用地域／第二種中高層住居専用地域〕

- 道路斜線制限面 1.25/1
- 隣地斜線制限面 1.25/1
- 20 m
- 1.25W
  〔第一種住居地域，第二種住居地域／準住居地域〕

注1：道路斜線制限は，適用距離を超える部分には適用しない。
注2：北側斜線制限は，日影規制の対象区域内では適用しない。

建物には敷地面積に対する建築面積の割合を示す**建蔽率**（building coverage ratio），また敷地面積に対する延べ床面積の割合を示す**容積率**（floor area ratio）の上限が定められており，それ以上の率の建物を建設することができない。しかし，隣接している建物が容積率を持て余している（もしくは欲している）場合に，空中権を設定し売買することで事実上容積率を売買することが可能である。

なお，英米諸国では，鉄道駅のプラットホーム上の容積率を駅舎や近隣土地の上に移して超高層ビルを建てる例（例えば，ニューヨークのグランド・セントラル駅の横にメットライフビルを建てた例），高速道路の上の容積率を隣接

地に移す例などがある。また歴史的建築を保存する際，建替えができず頭上の容積率を生かすことのできない歴史的建築の所有者は，容積率以上の大きなビルを建てたい近隣の土地の所有者などに容積率を売ることができるようになっている。

〔2〕 **補助的地域地区** このほかに，地域地区を補完する**表7.4**のような補助的地域地区がある。

なお，景観法による景観計画は，「景観重要建築物」や「景観重要樹木」の指定や現状変更の規制，「景観重要公共施設」の整備，「景観農業振興地域整備計画」の策定，「景観協定」の締結・認可，屋外広告物の制限など，幅広い景観保全手段を包括したものである。景観計画区域内で建築物の建築，開発行為その他政令や条例で定める行為をしようとするときは，あらかじめ景観行政団体の長に届出をしなければならないが，これは都市計画法による「景観地区」とは別の手続きとなっている。

表7.4 補助的地域地区

地域地区	内容	根拠法
特別用途地区	用途地域内の一定の地区において，地区の特性にふさわしい土地利用の増進や環境の保護などの特別の目的の実現を図るために定められる地区。	建基法49条
特定用途制限地域	用途地域が定められていない土地の区域（市街化調整区域を除く）内において，その良好な環境の形成または保持のため当該地域の特性に応じて合理的な土地利用が行われるよう，制限すべき特定の建築物などの用途の概要を定める地域。	建基法49条の二
特例容積率適用地区	第一種・第二種低層住居専用地域および工業専用地域を除く九つの用途地域内で，未利用となっているある敷地の未利用容積を他の敷地で利用できる制度を導入した地区。	建基法57条の二
高層住居誘導地区	都市居住を促進する目的で，住宅割合に応じて容積率の緩和や，道路幅員による容積率制限の緩和などの緩和措置が認められる地区。	建基法57条の五
高度地区	用途地域内で市街地環境の維持，土地利用の増進のため建築物の高さの最高限度または最低限度を定める地区。	建基法58条
高度利用地区	用途地域内で合理的かつ健全な高度利用と都市機能更新のため，建築物の容積率の最高・最低限度，建蔽率の最高限度，敷地面積の最低限度，壁面位置の制限を定める地区。	建基法59条
特定街区	市街地の整備改善のため街区内の建築物の容積率，高さの最高限度，壁面位置の制限を定める地区。	建基法60条

7.3 地域地区

表7.4 （続き）

地域地区	内　容	根拠法
防火地域 準防火地域	市街地で火災の危険を防除するために定める地域。	建基法61条 建基法62条
景観地区	市街地における良好な景観を形成するために定める地区。	景観法61条 建基法68条
風致地区	都市の風致を維持するために定める地区。	建基法58条
駐車場整備地区	商業や近商地域などで自動車交通が輻輳する地区に駐車場を整備し、または一定規模以上の建築物に対し駐車施設の付置義務を課す地区。	駐車場法3条
臨港地区	港湾の管理運営をするために定める地区。	港湾法39, 40条
歴史的風土特別保存地区	歴史的建造物や遺跡などを保存するために、一定の地域内の建築制限を行う地区。	古都法6, 8条 明日香村法3条
緑地保全地域	無秩序な市街地化の防止や地域住民の健全な生活環境を確保するために、緑地を適正に保全するために定める地域。	都市緑地法5条
生産緑地地区	市街化区域内の一定の要件に該当する農地などを計画的に保全するために指定される地区。	生産緑地法3, 4, 8条
伝統的建造物群保存地区	伝統的建造物群およびこれと一体をなしてその価値を形成している環境を保存するために市町村が定める地区。	文化財保護法142条、建基法85条2
航空機騒音障害防止地区 同特別地区	特定空港周辺で航空機の騒音が（特に）著しく及ぶ地域で、防止地区では学校、病院、住宅を防音構造とし、特別防止地区ではそれらを建築してはならない。	空港周辺法4条

コラム

農地，工場，大型ショッピングセンター

農地：わが国では土地も財産権の一部であり，所有者は自由に売買したり，他者に貸して収益をあげたりすることができる。しかし，農地は「人びとの生存に欠かせない食糧の大切な生産基盤であり，耕作者自らが所有するのが望ましい」という考え方から，許可なく自由に売ったり，宅地にしたりすることはできず，農業委員会または都道府県知事などの届出あるいは許可が必要となっている。市街化区域内の農地については，基本的に許可ではなく届出である。市街化区域以外の市街化調整区域，非線引都市計画区域，都市計画区域外等では，原則として農業委員会などの許可が必要となる。

また，税制面でも優遇されており，農地は宅地と比較して評価額は安い。都市周辺では農地から宅地へと転用することで大きな利益が得られるため，転用を望む農家は市街化区域に取り入れられることを望む。市街化区域内農地は，地価高騰時に宅地供給を妨げていると批判の対象となり，1991年の地方税法改正により，宅地並み課税が導入された。ただし，生産緑地法によって，30

年間の営農継続を条件として「保全すべき農地」として指定された農地は，市街化区域内であっても農地としての評価額で課税される。

工場：騒音や大型車による歩行上の危険，路上駐車などの問題が生じる可能性があるため，工場の立地については，都市計画法に加えて，工場立地法に基づき以下のような規制が設けられている。

① 敷地面積に対する生産施設の面積の割合の上限 30 ～ 65 %（業種による）

② 敷地面積に対する緑地面積の割合の下限 20 %
（都道府県，政令市が地域準則を定める場合→ 10 ～ 30 %）
（企業立地促進法に基づき市町村が条例を定める場合→ 1 ～ 20 %）

③ 敷地面積に対する環境施設面積（緑地，噴水，水流等の修景施設，屋外運動場，広場，一般開放された体育館や企業博物館など）の割合の下限 25 %
（都道府県，政令市が地域準則を定める場合→ 10 ～ 30 %）
（企業立地促進法に基づき市町村が条例を定める場合→ 1 ～ 25 %）

大型ショッピングセンター（SC）：1980 年代以降，郊外や農村部の幹線道路沿いの農地を転用して広大な敷地を確保した大型 SC の出店が盛んになった。特に，日米構造協議や規制緩和により，大規模小売店舗法（大店法）が廃止され，大規模小売店舗立地法（大店立地法）が制定された 2000 年以降，数と規模は大きく増えた。

地方都市や郡部では郊外大型 SC の立地により，既存の商店街がシャッター通り化するケースも増加した。シャッター通り化は地元経済の縮小をもたらすだけでなく，車をもたない社会的弱者にとって日常生活を営むことが著しく困難になることが指摘されている。また，自動車以外の手段ではアクセスしにくい郊外の大規模店舗を中心とする消費生活は徒歩と公共交通機関での移動を基本とする旧来型の生活スタイルに比べて環境負荷が高い。

こうした課題を踏まえ，2006 年にまちづくり 3 法（都市計画法，中心市街地活性化法，大店立地法）が改正され，店舗面積 1 万平方メートルを超える大規模集客施設は，「商業」，「近隣商業」，「準工業」の 3 種の地域のみ出店可能で，「第二種住居」，「準住居」，「工業」地域，「市街化調整区域」や「白地地域」などにも原則として出店不可とされた。「原則として出店不可」の地域に出店するには，地方自治体による用途地域の変更が必要となる。

> **コラム**
>
> **ハザードマップと災害危険区域**
>
> 　火山の噴火，地震，河川の氾濫，津波・高潮などの自然災害について，被害の及ぶ範囲やその程度について，ある想定にもとづき予測した結果，さらに避難の道筋，避難場所等を表した地図を**ハザードマップ**（hazard map）という。東日本大震災以降，津波について，非津波浸水域をゴールとし避難時間を色分けし避難方向を矢印により示す「逃げ地図」がつくられている（http://nigechizu.com/ アクセス 2018 年 2 月 9 日）。ただし，あくまでも「想定」に過ぎず，範囲外だから安全というわけではないことに留意が必要である。
>
> 　災害の危険が著しいため住宅や福祉施設といった居住用建築物の新築・増改築を制限する区域を**災害危険区域**（disaster hazard area）という。地方自治体が条例で区域を指定する（建築基準法第 39 条）。災害危険区域のうち，特に居住に適当でないと認められる区域は住居の集団移転を促す「移転促進区域」とすることができる。
>
> 　人口減少下，公共施設持続可能な地域をつくるうえでも，本章で示した土地利用規制は重要である。また規制のみならず，強制的な保険や税制など経済的インセンティブと組み合わせることも必要である。

演習問題

〔7.1〕 なぜ線引き（市街化区域）や色塗り（地域・地区）が必要なのかを考えなさい（土地をどう使うかを個々人の自由に任せてはいけないのか。ほっといたら土地利用はどうなるか）。

〔7.2〕 都市計画図でなにがわかるか考えなさい。また，複数の市での共通点と相違点はなにかを考えなさい。

〔7.3〕 都市計画で示される地区には，生産緑地地区，歴史的風土特別保存地区，風致地区，防火・準防火地域，臨港地区，駐車場整備地区などがある。あなたの市区町村では，いかなる地区があるか調べなさい。

〔7.4〕 都市計画に関心ある市民にとって重要なのに，都市計画図から読みとれないことはなにかを考えなさい。

〔7.5〕 都市計画図はいくらか調べなさい。また，なぜ無料でなく，市町村によって金額が異なるのかを考えなさい

〔7.6〕 既存不適格建築物とはなにか調べなさい。

8章 都市施設

◆本章のテーマ

　土地利用規制と並ぶもう一つの都市計画の実現手段が事業である。事業には、点や線的な都市施設を整備する事業と面的に都市施設を配置する市街地開発事業がある。本章および9章において、この事業について紹介する。
　本章では、都市施設、特に公園・緑地と交通システムに焦点をあてて説明する。

◆本章の構成（キーワード）

8.1　都市施設とは
　　　都市施設，段階構成
8.2　公園・緑地
　　　都市公園，地域制公園・緑地，緑のネットワーク，河川，湖沼，堤防，治水
8.3　交通システム
　　　社会実験，交通サービス，道路の総幅員，交通需要マネジメント，コミュニティ道路，コミュニティゾーン，公共交通，トランジットモール，シェアードスペース

◆本章を学ぶとマスターできる内容

☞　都市施設とはどのようなものか
☞　都市施設の段階構成はどのようなものか

```
都市計画法
　　主体・目標：マスタープラン
　　手　段：土地利用規制
　　　　　　都市計画事業；都市施設
　　　　　　　　　　　　　市街地開発事業
　　　　　　地区計画
　　　　　　財源
　　手　続
```

8.1　都市施設とは

　道路，公園，下水道など，都市生活や都市機能の維持にとって必要不可欠な施設が**都市施設**（urban facilities）であり，その規模や配置が都市の骨格を決める。都市計画法では，都市施設として，**表 8.1** の 11 種類の施設を定めている（都市計画法第 11 条 1 項）。

表 8.1　都市施設の種類

1	交通施設：道路，都市高速鉄道，駐車場，自動車ターミナル等
2	公共空地：公園，緑地，広場，墓園等
3	供給施設または処理施設：水道，電気供給施設，ガス供給施設，下水道，汚物処理場，ごみ焼却場等
4	水路：河川，運河等
5	教育文化施設：学校，図書館，研究施設等
6	医療施設または社会福祉施設：病院，保育所等
7	市場，と畜場または火葬場
8	一団地（50 戸以上）の住宅施設
9	一団地の官公庁施設
10	流通業務団地
11	電気通信事業用の施設その他（施行令第 5 条）

　これらの都市施設については，「土地利用，交通等の現状及び将来の見通しを勘案して，適切な規模で必要な位置に配置することにより，円滑な都市活動を確保し，良好な都市環境を保持するように定めること」とされている（都市計画法第 13 条 1 項 11）。

　都市施設は，必ずしも都市計画として定める必要はなく，例えば道路は道路法，河川は河川法によって整備することも可能であるが，都市計画区域では，少なくとも道路，公園，下水道について都市計画で定めることが求められ，また，住居系の用途地域では義務教育施設についても定める。都市計画として定められた都市施設は「都市計画施設」と呼ばれ，その施設区域内の土地では建築などが制限される。予算が確保され，施設整備を行う事業が行われる段階で，用地買収が行われる。もし，地権者（土地所有者や借地権者）が任意の買

収に応じない場合は,「私有財産は正当な補償の下に公共のために用いることができる」という日本国憲法第29条第3項に基づく土地収用法に従って強制的に取得される。

また,都市計画法制定以前から存在し,当面整備する必要がないと判断された道路,公園,小学校等は,都市計画法で定める都市施設とはなっていない。言い換えると,都市計画法では都市施設をつくることを想定しており,すでに存在する都市(施設)をより賢く使う,あるいは管理するための法律ではないといえる。

コラム

ペリーの近隣住区論

都市施設の規模や配置を考えるための基本的な空間単位が近隣住区である。

幹線道路で囲まれた約64 ha(半径400 mほど),人口は5 000〜6 000人程度の地区。この地区内にコミュニティを支える小学校,教会,コミュニティセンター,公園等を置き,幹線道路沿いに商店などを配置する。通過交通が住区内に入り込み,スピードを出すのを防ぐため,わざと道路を曲げたり,見通しを悪くする。住民の日常生活は歩行可能な住区の範囲内で完結させることができる。図にクランス・ペリーの『近隣住区論』[1]にある例を示す。

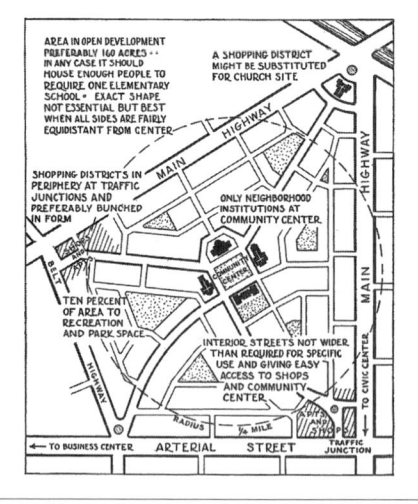

図　近隣住区論[1]

8.2 公園・緑地

　公園・緑地は，憩う，家族や近所の人と交流するといったレクリエーションやコミュニケーション活動の場となるほか，災害時には避難場所となる。同時に，地域生態系の保全や気候緩和（ヒートアイランド）など都市環境の調整，災害防止に寄与する。境内，野原，池，林，田畑等も緑地といえるが，市街化が進展するとどうしても不足するため，都市施設として位置づけられている。

　公園・緑地は，都市公園（営造物公園）と地域制公園・緑地に大きく分類されている。都市公園は，一般に土地を取得して整備されるものであり，住区基幹公園（街区公園，近隣公園，地区公園），都市基幹公園（総合公園や運動公園），そして特殊公園（動植物公園，風致公園，歴史公園，墓園），広域公園および緑地（緩衝緑地，都市緑地，緑道）に分類されている。

　整備の考え方は，幹線道路に囲まれた $1\,km^2$ を近隣住区として，街区公園（0.25 ha 程度）は 4 か所（誘致距離：250 m 程度），近隣公園（2 ha 程度）を 1 か所（誘致距離：500 m）配置し，さらに四つの近隣住区の中心（誘致距離：1 km 程度）に地区公園（4 ha 程度）を配置するというものである（**図 8.1**）。

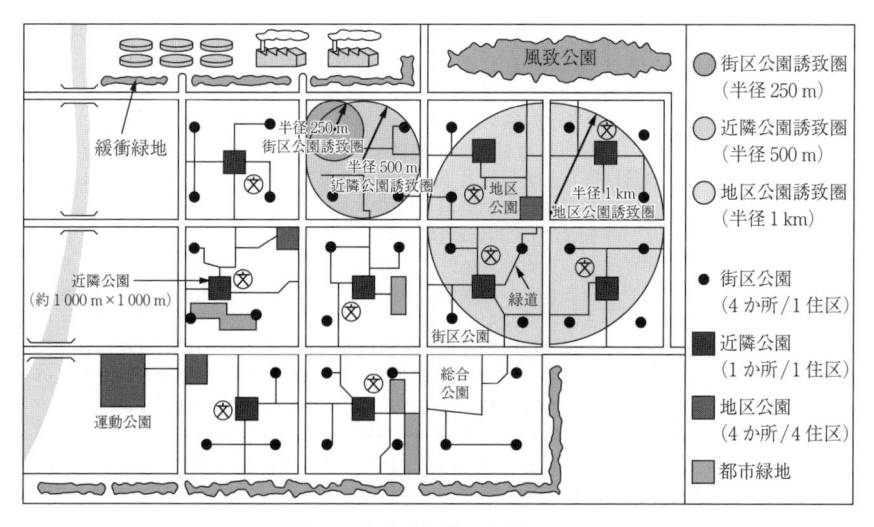

図 8.1　都市公園等の配置モデル

8. 都市施設

緩衝緑地は工場などの近くに，騒音・大気汚染などが市街地に及ばないように配置され，都市緑道は公園と公園を結ぶ緑地であり，緑地はネットワークとしてつながっていることが生態系の保全において重要であるとされている（緑のネットワーク）。

一方，地域制公園・緑地としては風致地区，特別緑地保全地区，歴史的風土特別保存地区，生産緑地地区，そして国立公園や国定公園等がある（**表8.1**）。

表8.1 地域制公園・緑地

種 類	概 要
風致地区	都市の自然美を維持することを目的として，建築物の建築や木竹の伐採などを制限する地区。
特別緑地保全地区	都市の無秩序な拡大の防止に資する緑地，都市の歴史的・文化的な価値を有する緑地，生態系に配慮したまちづくりのための動植物の生息，生育地となる緑地などの保全を図る地区。
歴史的風土特別保存地区	日本固有の文化の遺産として継承していくべき古都における歴史的風土を保全するため，1966年に制定された「古都における歴史的風土の保存に関する特別措置法（古都保存法）」により，古都の歴史的風土を保存するために指定される区域。歴史的風土を保存する必要がある地域が歴史的風土保存地域に指定され，その地域のうち特に重要な地区が歴史的風土特別保存地区に指定される。この地区内での建築には必ず許可が必要になる。
生産緑地地区	市街化区域内のうち，公害または災害の防止，農林漁業と調和した都市環境の保全など，良好な生活環境の確保に効果があり，かつ公共施設などの敷地に適しており，農地などとして保全することが義務づけられている地区。
国立公園・国定公園	国立公園は自然公園法に基づき，その地域の自然や景観などの保護を目的とするもの。国立公園数は34か所，総面積は約220万ha，国土面積の約5.5％。環境省が整備を進め，公園内に公園利用拠点である集団施設地区を指定し，国民休暇村や，環境に配慮したハイキングコースや自然遊歩道，自然観察などを目的としたビジターセンター，エコミュージアムセンター，キャンプ場などが整備されている。公園内の特別保護地区との規制とメリハリをつけ，国立公園の保護と利用の調整が行われている。これらを観光資源とし，公園地区外に宿泊施設などを整備することにより，観光地として整備されている場合が多いが，その地域を観光地とすることを目的としているわけではない。また，一部の国立公園の特別保護地区の中には，宮内庁や神宮司庁が管理する区域がある。これらの多くは神域として管理されているものであり，管理者もしくはそれらから委託された者以外の入山などの立ち入り行為自体が禁止され，環境省の特別保護地区同様の規制が加えられている。また，その周囲のほとんどは環境省によって保護されている。国定公園は，国立公園に準ずる優れた自然の風景地であり，都道府県の申出により環境大臣が指定するもので，全国に55か所ある。

8.2 公園・緑地

　また，河川や湖沼は都市の中に残された貴重な緑地空間である。しかしながら，明治以降，治水への偏重と水運から陸運への転換により，都市と水辺は隔絶してきた。一方，近年になり，市民の親水への期待が大きな変革を促す。例えば，隅田川では従来，堤防背面で土地所有者が用地の無償使用を承諾した区間から順次，築堤を行ってきたのに対し，背面の条件にかかわらず，テラスを先行的に整備し，早期に親水性および防災通路を確保する方針が打ち出された。長期的な背面の整備を誘導することも意図していた。

　また，重要河川の超過洪水対策として特別高規格堤防（スーパー堤防）事業の考え方が導入された。堤防の背面約50mの市街地を一体的に盛土し，親水性を高め，コンクリート堤防を撤去し，かつ都市開発も行うというものであった。治水対策として考案された堤防整備が，新たな都市開発，親水空間整備へと公共性の転換が行われた[2]。

　現在，河川や下水道の整備を進めるとともに，流域における保水，遊水機能を人工的に取り戻そうという総合治水対策が行われるとともに，例えば，江戸川区における水辺のマスタープランなど，安全性向上と親水性の回復が同時に進められている。さらに，生物多様性を育む「生きものにぎわいづくり」へと展開している。こうした市民・企業・行政が一体となって整備そして維持管理するマネジメント活動は，市民に地域への愛着や仲間づくりを促し，地域コミュニティを定着させ，いきがいづくりへとつながる。また，子どもたちにとっての環境教育や地域の防災，さらには自然の恵みを生かしたなりわいや観光振興，まちづくりへとつながっていくことが期待されている。

　参考「生きものにぎわいづくり」：http://www.mlit.go.jp/common/000210648.pdf（2014年2月現在）

【事例：北区子どもの水辺】

　「北区水辺の会」や区，自治会が協力しあって管理や運営をしている。干満する二つのワンド（岸が湾のように大きく入り込んだ地形のことで，水流が穏やかなので，多くの生き物が住みつきやすい）がある。市民ボランティアが，専門家の力も借りながら，定期的に清掃や草刈をして手入れまた調査活動をし

ており，豊かな環境が保たれている。子どもと自然が出会える安全な水辺が提供されている（**図 8.2**）。

参考：北区市民活動情報サイト，「北区・子どもの水辺」調査ボランティア，http://genki365.net/gnkk01/pub/sheet.php?id=8780（2014 年 2 月現在）

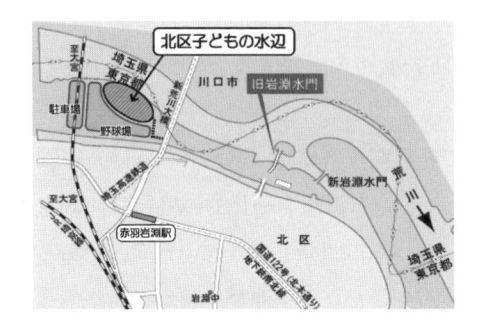

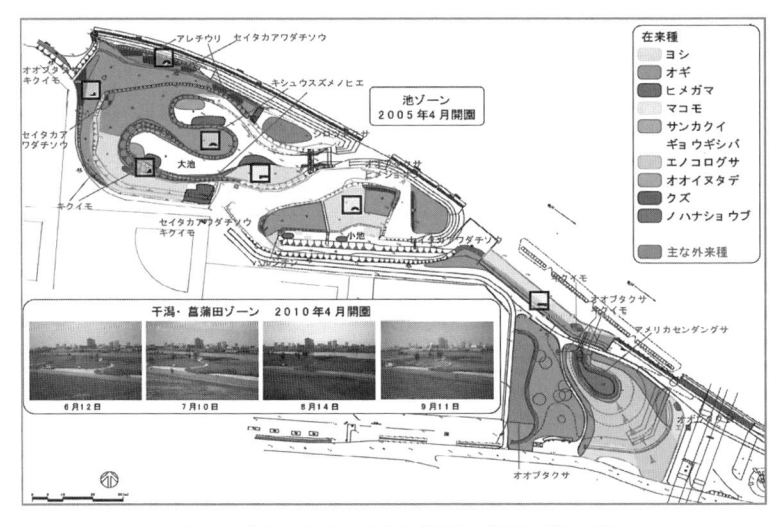

図 8.2　北区子どもの水辺（提供：辻野五郎丸氏）

8.3　交通システム

われわれの生活において，**交通**（transport，人の移動と物流）は，通勤・通学のみならず，買物，私事などのために行われ，福祉・健康などにもかかわ

8.3 交通システム

る重要な活動である。通信システムの発達により，代替（交通が行われなくなる，例：ネット会議）する場面と，補完（交通が生まれる，例：ネットショッピング）する場面がある。

交通は，ある目的のために，ある時刻に，ある場所（出発地）からある場所（目的地）へ，交通手段により，ある経路を利用して行われる。

交通手段には，自動車，ライトレール（LRT）やモノレール，鉄道，バス，タクシー，航空機や船舶等さまざまであり，それぞれ1時間当りの輸送能力は大きく異なる。また，近年は，徒歩，自転車，車いすや電動自動車等，パーソナルな手段にも，福祉・健康や大気汚染や騒音問題などの観点から注目が集まっている（**図8.3**）。

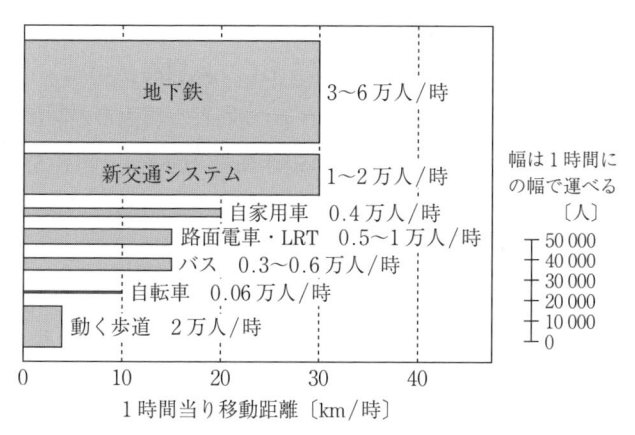

```
地下鉄              3～6万人/時
新交通システム      1～2万人/時        幅は1時間に
自家用車 0.4万人/時                     の幅で運べる
路面電車・LRT 0.5～1万人/時            〔人〕
バス 0.3～0.6万人/時                    50 000
自転車 0.06万人/時                      40 000
動く歩道 2万人/時                       30 000
                                        20 000
0   10   20   30   40                   10 000
1時間当り移動距離〔km/時〕              0
```

出典：運輸白書（1994年）などを参考に作成

図8.3 輸送手段別1時間当りの輸送能力

交差点，乗換えがなされる駅やターミナルは交通結節点と呼ばれる。そして，提供されている交通手段のネットワークは**交通システム**（transport system）と呼ばれる。

われわれは，目的や時間的制約などに応じて交通システムを組み合わせながら利用して**交通サービス**（transport service）を得ている。交通サービスは，所要時間，料金を含めた費用，時間信頼性，安全性，快適性などから構成さ

れ，われわれの出発時刻，目的地，交通手段，移動経路の選択は交通サービスにも影響を与える。また，これらの選択には，工場や商業施設，レクリエーション施設，病院や学校・福祉施設等の配置も大きな影響を及ぼす。さらに，交通機関は環境負荷を及ぼすとともに，都市景観を形成する要素でもある。情報提供も含め，交通サービス水準を高めることは都市計画の重要な要素の一つである。

8.3.1 道　　　路

道路は，人や物の移動や滞留，建物や施設への出入りといった交通機能に加え，電線や上下水道など公共公益施設の収容，街路樹による緑化，通風，採光，空地としての延焼防止や避難路・消防活動といった空間としての機能を有する。さらに都市の構造を誘導し，骨格を形成する機能をもつ。

道路の総幅員や断面構成は，その場所のもつ特性や周囲との関係に基づき，必要とされる交通機能や空間機能から決定される（**図**8.4，**図**8.5）。

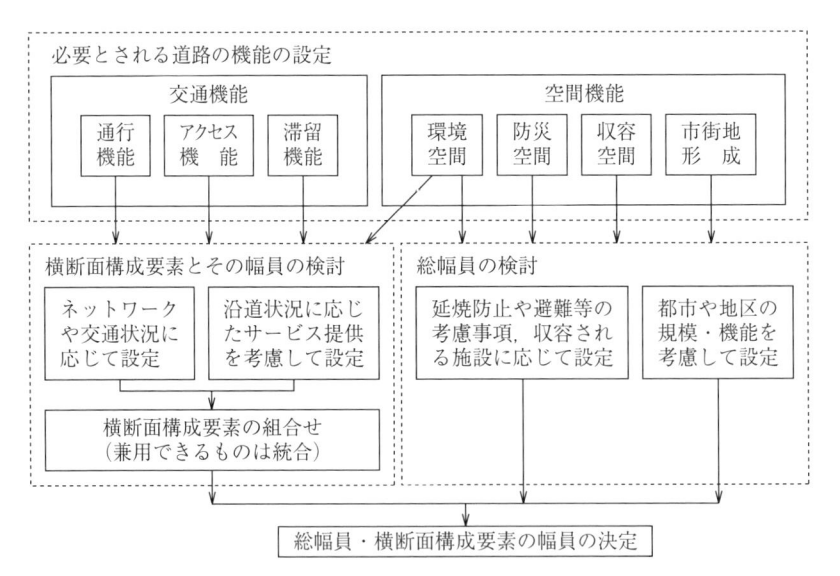

出典：日本道路協会：道路構造令の解説と運用（2008）より作成

図8.4　道路の総幅員・断面構成検討の流れ

8.3 交通システム

図8.5 代表的な道路の断面構成

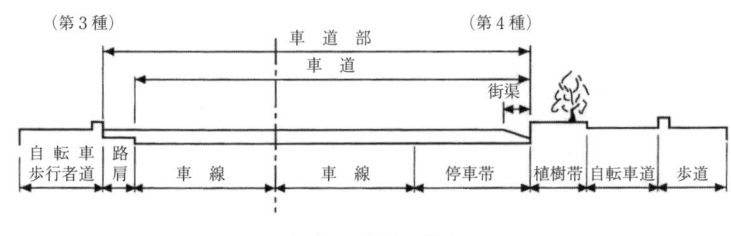

（a）2車線の場合

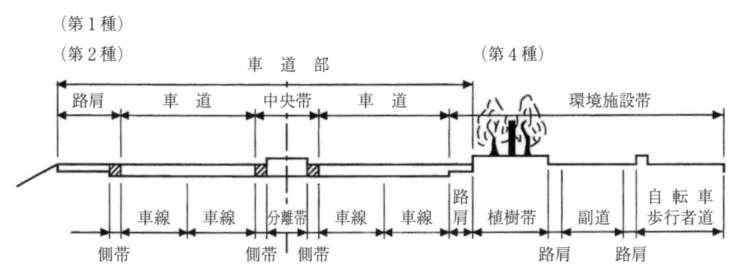

（b）4車線の場合

出典：日本道路協会：道路構造令の解説と運用（2008）より作成

　自動車専用道路や高速自動車国道は，都市と都市を結ぶためのものであり，放射状あるいは環状に配置される。主要幹線街路や都市基幹道路は都市内の区画街路とこれらの道路を結ぶものであり，市街地の交通を円滑にするよう配置される。また，鉄道駅や空港，港湾などの交通拠点を結ぶことも重要である。

　交通量のみならず，防災や環境なども考慮して，道路の断面構成が検討される。住居系と工業系の地域では，求められる道路が異なる（歩行者や自転車また大型車の比率などが大きく異なる）。公共交通また土地利用計画との適切な組合せが重要である。公共交通が貧弱で，自動車依存度の高いロサンゼルスは，地区のほとんどが自動車関連のスペースで占められている（**図8.6**）。

黒い部分は道路，駐車場，ガソリンスタンドなど，自動車関連スペースを示す。

図 8.6　アメリカ・ロサンゼルスの状況（1960 年代）

コラム

都市計画道路の見直し

　日常の市民生活や経済活動を支える重要な役割を果たすのみならず，将来の都市構造を形成する大きな要因の一つに道路がある。都市計画道路は，都市の将来を見据えつつ，あらかじめ起終点，ルート，幅員等を都市計画として定め，一定の建築制限などのもと長期的な視点にたって整備が進められる。現在の都市計画道路網全体の計画が決定されたのは 1950 ～ 1960 年代であり，その後，道路網全体についての大幅な変更や見直しはなされてこなかった。

　この間，都市構造が大きく変化するとともに，歩行者空間の充実や，緑地など自然環境や景観に対する意識の高まり，財政が厳しく新規投資に回せる予算が確保できないなど，都市計画道路を取り巻く状況はさまざまな面で変化してきた。一方で，全国で約 4 割の道路が未整備のままとなっていた。これらの変化に適切に対応する必要から，近年その見直しが行われるようになった。

　また，道路整備にあたっては，交通信号の管理や交通需要自体の管理をする**交通需要マネジメント**（transportation demand management，**TDM**）の重要性が指摘されている。特に，TDM は，経路，手段，効率化，時間，発生，沿道環境の調整を行って，円滑・安全・快適な移動環境を提供しようとする考え方であり，整備と同列に議論される必要がある。また，交通事故の危険性を削減するため，自動車の速度を低下させる試み（ボンエルフやゾーン 30 など）も進展している。こうした自動車の走行を主たる目的としない道路は**コミュニティ道路**（community road）と呼ばれており，コミュニティ道路がまとまって整備された地区が**コミュニティゾーン**（community zone）と呼ばれている。

そして現在，歩行者や自転車，車いす，電動車両等，自動車以外の多様な交通モードに対応した道路整備が求められている。ユニバーサルデザインに基づく休憩場所やトイレなどにも配慮した歩道整備が検討され自転車については，自転車レーン，シェア・サイクル，自転車通勤システム（手当・シャワールーム，事故対応など）などの検討が進められている。公共交通であるLRTやコミュニティバス，さらに公園緑地と組み合わせた歩道や自転車走行空間のネットワーク化が重要である。

8.3.2 公共交通

自動車社会は，郊外化（エッジシティ）をもたらし，渋滞，大気汚染，活力低下，治安悪化等の問題を引き起こした。

歩行者はコミュニティの根本的な質を豊かにするカタリスト（触媒）である。日常的な出会いのための場所や機会をつくり，多様な場所と人を結びつけることが重要である。そのため以下のことが必要である。

① 公共交通ネットワークの整備に合わせてよりコンパクトな都市形態をつくる。
② 住宅，公園，学校，店舗，公共サービス施設，職場が公共交通機関から歩いて行ける範囲内に配置する。
③ 私的な空間や車のスケールではなく，公共性のある空間や人間的なスケールを大事にした都市空間や街並みを形成する。

こうして歩行者を最優先として，オープンスペースを保全し，公共交通機関を確保し，自動車交通を削減し，生活者のニーズに応えた取得可能な住宅を供給することにより，新しい時代のニーズに応えた生活の質を実現するための戦略を公共交通指向型開発（TOD）という（p.81参照）。

例えば，スプロールの制限，公共交通の駅を中心とした高密度で複合的な開発（成長管理）をめざして，駅間800～1600mとし，半径600mの範囲で，スーパー，レストラン，娯楽，サービス，小売，業務，公共施設，公園・緑地を配置し，車を使うより歩くほうが楽，得という環境にする。また，住宅は，

集合住宅（タウンハウス，コンドミニアム，アパート等，多様性を重視）をこの中に配置し，戸建てはこの外（1.6 km 外）に配置することにより土地利用と交通をリンクする考え方である。

同様の考え方に基づくものとして，トランジットモールとシェアードスペースについて紹介する。

〔1〕 **トランジットモール**　中心街の通りを，一般の車両通行を抑制した歩行者専用の空間とし，バス，路面電車など，公共交通機関だけが通行できるようにした街路のことを**トランジットモール**（transit mall）という。

一般的につぎのようなメリットがあると期待されている。
- 歩行者が安全で快適に繁華街を歩くことができる。
- 車線数が減るため，通りの横断がしやすくなる。
- 休憩や待ち合わせをする場所が広くなる。
- イベントなどの開催や，祭りなどの活動が可能になる。
- バスなどの通行がスムーズになる。

しかし，日本では車両通行の抑制による周辺道路の交通渋滞や，トランジットモール内におけるバスなどと歩行者，自転車の関係の整理などが課題である。

〔2〕 **シェアードスペース**　シェアードスペース（shared space）とは，歩道と車道の区別をなくし，また信号や標識を撤去し，自動車の運転手や歩行者の注意力を高めることにより，交通安全を高め，騒音を減らし，空間内における人びとの自由な活動が生まれるよう配慮した共有空間のことである。ドイツ，オランダ，イギリス等の交通量があまり多くない地区において導入されている。自動車の速度を 30 km/h 未満にすることで，衝突時に歩行者が死亡する確率は大幅に減少する。また，アイコンタクトを通じて，安全を確保する。目の不自由な人への対応が課題となるが，そうしたさまざまな利用者が話し合いながらデザインを検討し，修正していく。

道路利用者は，自動車だけではない。さまざまな利用者が共存できる空間づくりが求められている（図 8.7）。

8.3 交通システム

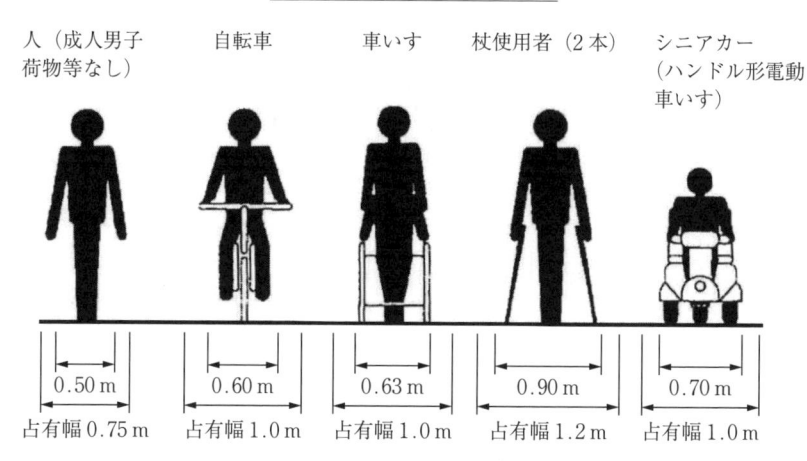

人（成人男子荷物等なし）　自転車　車いす　杖使用者（2本）　シニアカー（ハンドル形電動車いす）

0.50 m　0.60 m　0.63 m　0.90 m　0.70 m

占有幅0.75 m　占有幅1.0 m　占有幅1.0 m　占有幅1.2 m　占有幅1.0 m

出典：日本道路協会：道路構造令の解説と運用（2008）より作成

図8.7　さまざまな道路利用者とその寸法

道路や公共交通の整備とともに，自家用車以外のすべての交通手段による移動を，運営主体にかかわらず，ICTを活用して検索から予約・決済まで一つのサービスとして捉えるMobility as a Service（**MaaS**）が推進されている。

コラム

富山ライトレールとコンパクトシティ

富山ライトレールは，富山市内で富山駅北駅と岩瀬浜駅を結ぶ約7.6 kmの路面電車である。JR西日本が運行していた富山港線を富山市が引き受け，路線の一部を路面電車化し，2006年4月に開業した。低床のLRT（次世代型路面電車）車両を導入している（図参照）。

2006年10月に国土交通省と富山市が実施した調査では，富山ライトレールの利用者数は平日で約5 000人，休日は約5 600人で，JRのときより，平日で2倍以上，休日で5倍以上と大幅に増加した。特に大きく増えたのが60代以

提供：金子雄一郎

図　富山ライトレールの写真[3]

上の高齢者である。「買い物や通院に利用するだけでなく，単にポートラムに乗りたいという人もいる。閉じこもりがちな高齢者に外出機会を与える」といった効果を上げている。

富山市は，①居住推奨地区への移住誘致，②駅・バス停の増設による居住推奨地区の拡大により，「公共交通を軸としたコンパクトなまちづくり」をめざしている。

中心市街地活性化基本計画では，①公共交通の利用者を1.3倍に増やす，②中心商店街の歩行者を1.3倍に増やす，③都心居住者を1.1倍に増やす，の三本柱を5年間の目標としている。中でも最大の柱が①である。②に関しては，市内唯一のデパートのリニューアルに合わせて，市電，ライトレール，コミュニティバスを3日間無料にしたところ，市電の利用者は11.5倍増となった。市電を無料で走らせるとそれだけ歩行者が増える。③に関しては，中心部の良質な集合住宅ないし一戸建て住宅の建設者や購入者に対する補助制度を3年前から実施した。

さらに，「おでかけ定期券」を65歳以上の住民に発行して，中心市街地へのバス料金を一律100円に割引する制度を導入した。中心商店街への誘致が第1の目的であり，現在要介護認定をもらっていない高齢者8万2000人のうち29％がこの定期券を使った。同時に高齢者に対し公共交通利用券（2万円相当）の支給と引き換えに運転免許の返納を昨年から呼びかけたところ，540人と予想の10倍以上もの人が返納を申し出た（2006年4月1日から2008年2月末までの実績は860人）。

演習問題

〔8.1〕 建築基準法は道路を基準として，道路斜線（図7.3, 第56条）などを定めている。「接道義務」（第43条）および「2項道路」（第42条）とはなにか調べなさい。これに関連して，「容積率の道路幅員制限」（第52条2項）についても調べなさい。

〔8.2〕 なぜ公共施設整備を「都市計画」として行う必要があるのか。民間（個々人の自由）にまかせておくとどうなるのだろうか。考察しなさい。

〔8.3〕 土地収用制度について調べなさい。

〔8.4〕 近年，交通分野で行われるようになった「社会実験」について調べなさい。

9章 市街地開発事業

◆ 本章のテーマ

　道路が狭い，敷地や建物の規模が小さい，木造家屋が多く，周辺と比べて低密度な利用がなされているなどの市街地は多い。こうした地域は，災害に弱いところが多く，土地のもつポテンシャルを十分生かしていない。都市計画では，こうした市街地を面的に更新する市街地開発事業が規定されている。
　本章では，市街地開発事業について紹介する。

◆ 本章の構成（キーワード）

9.1　面的整備の意義
　　　　残地，開発利益，面的整備，権利変換，等価交換
9.2　土地区画整理事業
　　　　土地区画整理事業，減歩，換地，公共施設管理者負担金
9.3　市街地再開発事業
　　　　市街地再開発事業，権利床，保留床，スマートシティ

◆ 本章を学ぶとマスターできる内容

☞　市街地開発事業について理解できる

```
都市計画法
  主体・目標：マスタープラン
  手　段：土地利用規制
          都市計画事業；都市施設
                        市街地開発事業
          地区計画
          財源
  手　続
```

9. 市街地開発事業

9.1 面的整備の意義

　点や線的な都市施設の整備は，街区や画地を変更するが，区域外の敷地や建築物を直接コントロールしない。そのため，**残地**（remnant）と呼ばれる使いにくい空間が生じたり，街並みの破壊，都市基盤へのさらなる負荷を発生させるといった問題が生じる。また，この施設用地の確保は用地買収という方式でなされるが，例えば道路整備により移転を余儀なくされる地権者が生じる一方で，たまたま沿道になった土地の価格が上昇し（**開発利益**（development gain）と呼ばれる），それを転売して多くの所得を得る者が生まれるなど，決して公平な仕組みとはいえない。

　面的整備（areal improvement）では，都市施設の整備と敷地整序や建築物の更新をセットで行う手法である。また，後述する減歩や**換地**（replotting）あるいは権利変換という方式を用いることで，強制的に移転をさせられる地権者は生じず，希望すればその地域に住み続けることが可能である。

　都市計画法では，① 土地区画整理事業，② 新住宅市街地開発事業，③ 工業団地造成事業，④ 市街地再開発事業，⑤ 新都市基盤整備事業，⑥ 住宅街区整備事業，⑦ 防災街区整備事業の七つの市街地開発事業が定められている。

　このうち，日本の都市計画の母とも呼ばれ，全国市街地の約 1/3 にあたる約 40 万 ha の市街地をつくってきたのが，土地区画整理事業である。2 番目に多いのが市街地再開発事業である。新住宅市街地開発事業は，多摩ニュータウン（東京都）や千里ニュータウン（大阪府）などの大都市近郊での大規模住宅開発で用いられてきた。

　次節以降では，実施されてきた数，面積ともに多い土地区画整理事業および市街地再開発事業について述べる。

9.2 土地区画整理事業

　都市計画区域内の土地について，公共施設の整備改善および宅地の利用の増

9.2 土地区画整理事業

進を図るため，土地の区画形質の変更および公共施設の新設または変更するのが**土地区画整理事業**（land readjustment project）である．関東大震災（1923年），第2次世界大戦（1945年）の戦災，また阪神淡路大震災（1997年）からの市街地の復興の主たる事業として実施されてきた．東日本大震災からの復興でも多くの市町村で用いられる．

この事業の仕組みは，権利に応じて地権者から少しずつ土地を提供してもらい（減歩），この土地を集め，道路や公園などの公共用地に充てて整備拡充を行うとともに，その一部を保留地として売却し，事業資金（工事費，補償費，事務費）の一部に充て，地権者の土地を整形し，換地（整備前から置き換えられる土地）を受けるものである（**図 9.1**）．

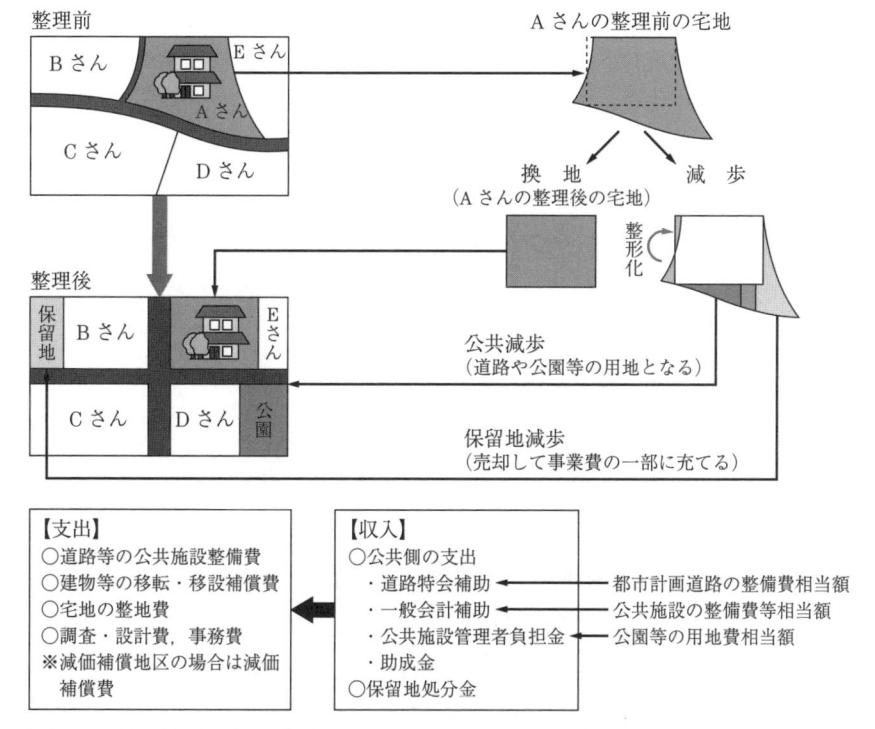

出典：国土交通省都市局市街地整備課ウェブサイト，土地区画整理事業より作成，
http://www.mlit.go.jp/crd/city/sigaiti/shuhou/kukakuseiri/kukakuseiri01.htm （2014年2月現在）

図 9.1 土地区画整理事業のイメージ

個々の地権者は，減歩により土地面積は減少するが，公共施設の整備および宅地の利用増進が図られることにより，宅地の資産価値が減少しないという前提条件によって，減歩に対しては補償はなされない。公共用地のために提供した土地に対して補償金が得られる用地買収方式とは対照的である。

家の前の道路や身近な公園の整備のための減歩は，まだ納得がいくが，他地域と結ぶ幹線道路や，地区外の市民も利用するような大規模な公園の整備のための減歩は納得されないことが多い。

そこで，一定規模以上の公共施設用地に関しては，管理者が用地買収で整備した場合に相当する金額を事業費に組み入れることが行われている（公共施設管理者負担金）。また，減歩の負担を減らすため，幹線道路や駅前広場の用地についてあらかじめ買収が行われることもある（先行買収）。

また，減歩という仕組みは，土地を提供することになるため，事業の前から狭い土地しかもっていない地権者については減歩ではなく，清算金という形で負担することも行われる。なお清算金は，換地による事業前後での地権者間の財産価値の不公正を是正する手段でもある。

この事業は，個人，組合（7人以上），公共団体のいずれもが施行者になることができる。さらに民間資金を導入した都市開発も可能となっているという点で汎用性も高い手法である。

基本的に土地区画整理事業は，土地の交換分合という仕組みを用いるため，建築物は対象としていない。また，地権者間の利害調整を要するため，5年以上の計画期間を要する。保留地売却収入で費用を賄う事業においては，地価が下落すると事業の進行にも影響を及ぼす。

【事例：阪神淡路大震災復興土地区画整理事業】

阪神淡路大震災からの復興土地区画整理事業の特徴は，2段階都市計画決定という方式とまちづくり協議会方式である。2段階都市計画決定は，まず第一段階で，行政が根幹的施設（幹線道路や大規模な公園）を決めて，第二段階で地権者が地区内の施設（区画街路や街区公園）を決めるというものである。そして，第二段階の意思決定を行う仕組みとして「まちづくり協議会」が活用さ

9.3 市街地再開発事業

れた．まちづくり協議会は，地権者のみならず居住者や企業も参加することと専門家による支援が重要であることが指摘されている．

鷹取第一地区震災復興土地区画整理事業（**図 9.2**）は，事業後どのような建物を建てるかという土地利用の側面から道路幅員が検討されるとともに，亡くなられた方が住んでいた場所に公園を配置するなど工夫がなされた．

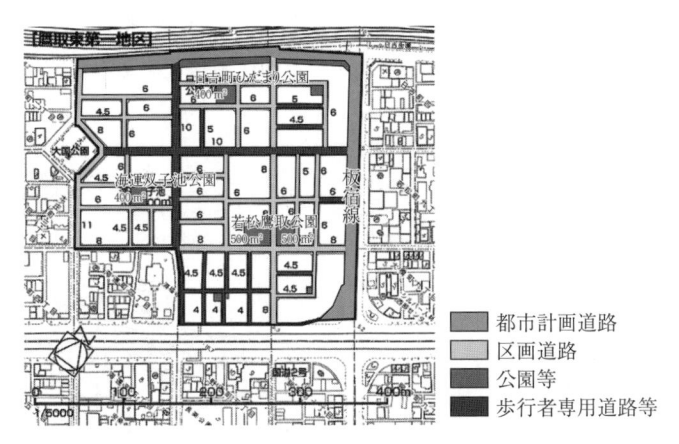

出典：神戸市ウェブサイト，鷹取東第一地区震災復興土地区画整理事業，
http://www.city.kobe.lg.jp/information/project/urban/adjustment/jl00051.html（2014 年 2 月現在）

図 9.2 鷹取第一地区震災復興土地区画整理事業

〔経緯〕1995（平成 7）年　　7 月　2 日：「鷹取東復興まちづくり協議会」設立
　　　　　　　　　　　　　11 月 30 日：事業計画決定
　　　　1996（平成 8）年　　8 月 28 日：仮換地指定開始
　　　　　　　　　　　　　11 月　5 日：地区計画決定
　　　　2001（平成 13）年　 2 月 21 日：換地処分公告

9.3 市街地再開発事業

市街地の土地の合理的かつ健全な高度利用と都市機能の更新をめざして行われるのが，**市街地再開発事業**（urban renewal project）であり，主として土地の高度利用が見込まれる駅前や都心部において，利用密度の低い土地に共同建

築物を建設することで高度利用を図り，かつ必要な都市施設の整備を図るものである。

　土地区画整理事業では，減歩と換地を通じて土地から土地へ交換分合が行われたが，この事業においては，基本的に床から床に権利の交換分合（等価交換）が行われる（**図9.3**）。各地権者は，敷地を共同化し，かつ高度利用することにより，公共施設用地を生み出すとともに，共同建築物において権利者が取得する権利床以外の保留床を生み出す。土地区画整理事業の保留地同様，保留床を売却して事業費に充てる。

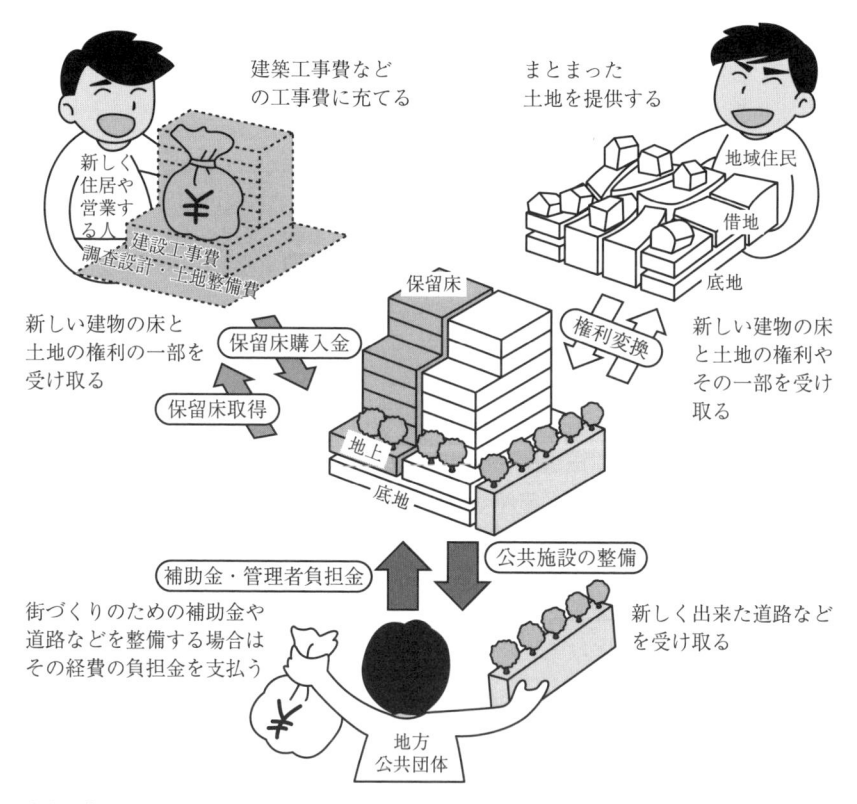

出典：茨城県土木部都市整備課ウェブサイト，市街地再開発事業のしくみより作成，
http://www.pref.ibaraki.jp/bukyoku/doboku/01class/class10/03.html（2014年2月現在）

図9.3　再開発事業の仕組み

9.3 市街地再開発事業

また，一旦，施行者が対象となる土地・建物を買収・収用し，買収・収用された者が希望すれば，その再開発ビルの床を取得するという管理処分（用地買収）方式もある。

老朽化した団地やマンションの建替えにおいても，この事業の活用が検討されている。

この事例として現在すすめられている東京都の「文京区春日・後楽園駅前地区市街地再開発」の計画を図9.4に示す。従前の建物をまとめることにより，空地をつくりだす計画となっている。

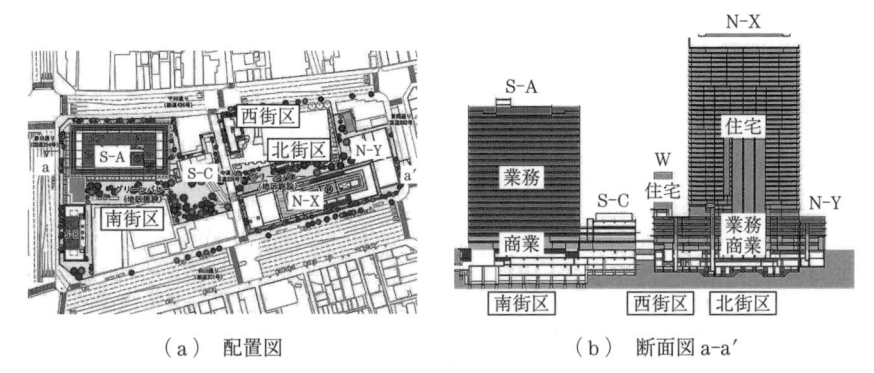

　　　　（a）配置図　　　　　　　　　（b）断面図 a-a′

出典：再開発組合ウェブサイト，施設計画，http://www.harusan.jp/index.html（2014年2月現在）

図9.4　文京区春日・後楽園駅前地区市街地再開発

土地区画整理事業や市街地再開発事業の課題は，多くの利害関係者がかかわり，その利害調整に時間がかかることもあり，事業期間が長いことである。保留地や保留床の処分がなされることが前提であるため，土地や床需要が減少していく状況においてはリスクが大きい。適切に将来の見通しをたてる，商店街業者との協働を図る，地区のニーズにあった計画をたてる，修復型改善をめざす等，身の丈再開発と呼ばれる方針が示されている。

> **コラム**
>
> **スマートシティ**
>
> **スマートシティ**（smart city）とは，スマートグリッドの主要な技術（分散型発電システム，再生可能エネルギー，電気自動車による交通，高効率なビル・家庭の電気使用等）を使って，都市全体のエネルギー構造を高度に効率化した都市づくりの構想のことである。
>
> 「European Smart Cities」の報告書では，スマートシティを，① スマート・エコノミー，② スマート・ピープル，③ スマート・ガバナンス，④ スマート・モビリティ，⑤ スマート・エンバイロンメント，⑥ スマート・リビングの六つの側面から定義している（**図1**）。
>
> | スマート・エコノミー
（競争優位） | スマート・ピープル
（社会人と人的資本） |
> |---|---|
> | ・革新の精神
・起業家精神
・経済のイメージ，トレードマーク
・生産性
・労働市場の柔軟性
・グローバルとの親和性
・転換する能力 | ・適正能力のレベル
・終身的な自己啓発の嗜好
・社会と多数民族
・柔軟性
・創造性
・コスモポリタリズム／オープンなマインド
・公共生活への参加 |
> | スマート・ガバナンス
（参加） | スマート・モビリティ
（交通とICT） |
> | ・意思決定への参加
・公共および社会サービス
・ガバナンスの透明性
・政治戦略と展望 | ・地域内のアクセサビリティ
・他の地域とのアクセサビリティ
・情報通信技術（ICT）インフラの整備状況
・持続的，革新的，安全な交通システム |
> | スマート・エンバイロンメント
（自然のリソース） | スマート・リビング
（生活の質（QOL）） |
> | ・魅力のある自然
・汚染の状況
・環境保護
・持続的なリソース・マネジメント | ・文化的な施設　・教育施設
・健康状況　　　・観光客に対する魅力
・個人の安全　　・社会的な結合力
・住宅の品質 |
>
> 出典：European Smart Cities ウェブサイトより作成，http://www.smart-cities.eu/ （2014年2月現在）
>
> **図1** スマート・シティの六つの側面
>
> スマートシティは，太陽光や風力での発電など再生可能エネルギーを効率よく使い，環境負荷を抑える次世代環境都市をめざしている。エネルギーや交通などを，ITを利用して制御することによりむだをなくし，また家庭同士やオ

フィシブル同士と発電所などを双方向で通信できる情報網と送電網でつなぐことにより，ある家庭で発生した余剰な電力を不足している家庭に送電するなどして需給バランスを最適に保つスマートグリッド（次世代送電網）などが中核技術となる。また，再生可能エネルギーの有効利用を図るための施設配置，土地利用も重要な要素である。藤沢市の事例を図2に示す。ITと組みあわされた住宅と自動車など，計画人口3 000人，総事業費約600億円の大規模事業。「自然の恵みを取り入れた『エコで快適』，『安心・安全』なくらしが持続する街」をめざし，街全体の目標として，CO_2排出量1990年比70％削減，再生エネルギー利用率30％以上，ライフライン確保3日間などを掲げている。

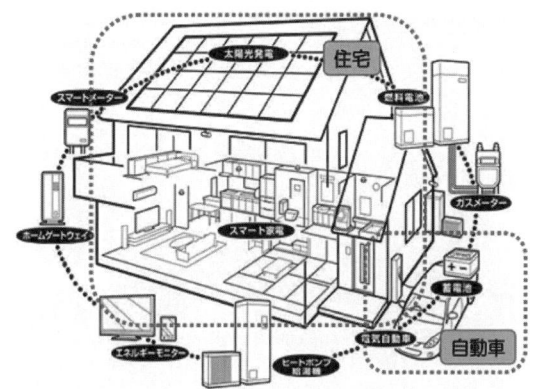

出典：(上) 藤沢市ウェブサイト，Fujisawaサステイナブル・スマートタウン，
http://www.city.fujisawa.kanagawa.jp/kikaku/page100190.shtml (2014年2月現在)
(下) エコーネットコンソーシアム資料 "報道関係者向け説明資料 エコーネットの概要"

図2 Fujisawaサステイナブル・スマートタウン（辻堂元町6丁目地区）

演習問題

〔**9.1**〕 道路事業において道路のための用地を提供した場合は，その財産権の損失に対して補償金が支払われる。しかし，建てたい建物が建てられないという財産権の損失をもたらす土地利用規制に「補償」がないのはなぜか考えなさい。

〔**9.2**〕 用地買収において「市場価格の2倍」で買う制度の導入は良いことかどうかを考えなさい。

〔**9.3**〕 現行の土地利用規制のもとでは高層マンションの反対運動はむだではないかどうかを考えなさい。

10章 地区計画・協定

◆ 本章のテーマ

7～9章までで述べた土地利用規制と事業により「良好な住環境は確保されるか」といえば，答えはノーである。前述したように土地利用規制においては，規制は「○○してはいけない」というものであり，積極的に建築物をつくるわけではない。実際，建蔽率と容積率だけでは建物の高さは決まらない。大きな敷地が売りに出された際，周囲の建築物の高さと大きくかけ離れた高層マンションが計画され，反対運動が展開されるケースも多い。

また，用途，容積率や建蔽率は不動産の価値にも影響を与えるため，強い規制には反対する住民も多い。結果として，規制が既存用途の追認となってしまっているという意見もある。

事業も多額の費用を要するとともに，利害関係者の調整は容易ではなく，都市景観を乱す可能性もある。例えば，用地買収された土地は事業が完了するまでフェンスを張ったままにされることが多いが，そこがゴミ捨て場になることもある。

行政だけに頼ることなく，市民自らが自分たちでルールを定めて地区の住環境を保全することはできないかという考え方により，都市計画法では地区計画，また，建築基準法では建築協定といった制度が用意されている。

本章では，地区計画や協定について記述する。

◆ 本章の構成（キーワード）

10.1 日本の土地利用規制の限界
10.2 地区計画
10.3 建築協定など
　　　建築協定，景観協定，
　　　緑地協定，まちづくり協定
10.4 地区計画の事例：
　　　巣鴨・地蔵通り商店街

◆ 本章を学ぶとマスターできる内容

☞ 地区計画とはどのようなものか
☞ 協定制度とはどのようなものか

```
都市計画法
　主体・目標：マスタープラン
　手　段：土地利用規制
　　　　　都市計画事業；都市施設
　　　　　　　　　　　　市街地開発事業
　　　　　 地区計画
　　　　　財源
　手　続
```

10.1 日本の土地利用規制の限界

住宅地における**土地利用規制**（land use control）については以下のような課題が指摘されている。

- 容積率と建蔽率の規制では，いろいろな高さ，位置，デザインの建築物が建築できてしまう。また，大規模な敷地においては，建蔽率を抑えることで，高層の建築物を建てることができ，周囲の落ち着いた低層の住宅地からずれてしまう可能性がある。

- 敷地の細分化が進み，「狭小敷地」が数多く生まれている。敷地は広ければ広いほど良いというものではないが，過度の細分化は，通風や日照や敷地内の緑の確保が十分なされないだけでなく，防災上や防犯上の危険性も高い。

- 道路との境界についてのルールが決まっていないため，道路に接して住宅を建てたり，離れて建ててブロック塀にするなどまとまった街並みが形成されない。

- 空地として放置することも自由であり，駐車場やゴルフ練習場などが街並みの形成を阻害する。

また，市民が自分の所有する土地を超えて，どこまで用途や容積率，建蔽率について利益を主張することができるかも大きな論点である。規制の水準をめぐってAさんの主張とBさんの主張が異なるとき，その調整ルールも明示されてはいない。また，AさんもBさんも容積率の緩和を求めているからといって，そのまま容積率を緩和することが望ましいというわけでもない。長期的，広域的視点が求められる。

現在，都市計画決定された用途地域や容積率などを変更すべきであるとして住民が都市計画決定自体の是非を争う裁判を起こすことはできず，建築確認（建築基準法）や営業許可処分がなされた段階で争うことになっている。

> **コラム**
>
> **国立マンション訴訟**
>
> 　東京都の国立市では，2000年から2008年，駅前から続く大学通りの一角でのマンション建設をめぐって，「住民」，「開発業者」そして「行政」の間で複数の訴訟が提起された。その主たる論点は「景観」であり，この大学通りは，新東京百景にも選ばれている市のシンボル的場所であり，国立市も1998年「都市景観形成条例」を策定するなど景観行政にも力を入れていた。1999年，ここに高さ53 m，18階建てのマンション計画が持ち上がった。法令には違反していないが，行政・住民は，これまで努力して形成してきた景観が損なわれるとしてこれに強く反対した。開発業者は，高さを約41 m，14階建ての計画に変更するが，それでも納得がいかない行政・市民は高さを20 m以下にすることを求め，訴訟を提起した。また，開発業者も損害賠償を求める裁判を提起した。
>
> 　最終的には，個人の利益の侵害とはいえないとして，開発業者の勝訴となったが，2001年，東京地裁は「地域内の地権者らによる自己規制の継続により，相当期間，特定の人工的な景観が保持され，社会通念上もその景観が良好なものと認められる」と判断し，はじめて景観利益が存在することを認めるという画期的な判断が行われた。

10.2　地区計画

　地区計画（district plan）とは，地区単位でつくるきめ細かな市街地像を実現するための制度であり，住民の意見を反映させて定め，地区独自のまちづくりのルールとなるものである。都市計画決定の対象であり，必ずしも地区の地権者全員の合意が必要ではないが，ほぼ全員の合意のもとに決定されている。

　地区計画では，地区計画の方針と地区整備計画が策定される。

　地区計画の方針：地区のまちづくりの基本的方向性を示すものであり，目標や土地利用の方針，地区施設の整備の方針，建築物等の整備の方針などが記載される。これらは法的拘束力をもたないが，市民に広く公開される。

　地区整備計画：地区のまちづくりの内容を具体的に定めるものであり，法的

拘束力をもち，開発や建築行為において遵守することが求められる。
地区計画整備の内容としてはつぎのようなものがある。
- 道路・公園・緑地など，居住者などが利用する地区施設の配置および規模
- 建築物や土地の利用に関する事項として，建築物の用途，容積率の最高・最低限度，建蔽率の最高限度，敷地面積の最低限度，壁面位置，高さの最高限度など

コラム

欧米の土地利用規制と財産権

　アメリカの宅地開発業者により分譲されている住宅地では**宅地分割規制**（subdivision control）と呼ばれる宅地開発規制が導入されている。これは開発における宅地の分割や公共施設の計画を公的にコントロールする制度であり，**図1**に示すように，敷地の間口や奥行，その中での建物や駐車場の配置について規制が行われている。ここまで制限を行うのは，住環境のアメニティを守ることで，財産の価値の低下を防ぐためである。

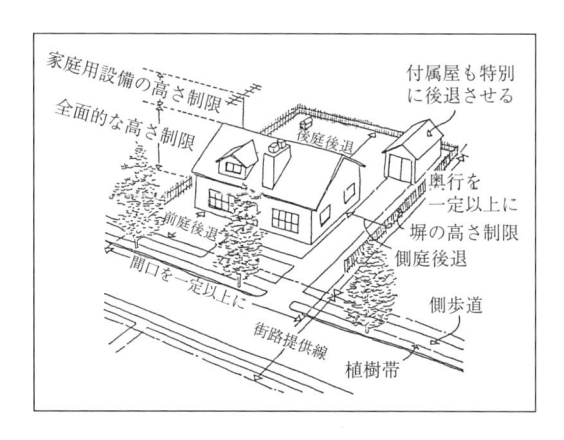

図1　宅地分割規制[1]

　ドイツでは，計画がない場所での開発を認めない「建築の不自由」が原則となっている。ドイツで建築が許されるのは，既存市街地と自治体が策定する「Bプラン」が策定された地域のみとなっている。Bプランには，**図2**に示すように街路，公園・空地，駐車場などの位置，画地の区分・形が示される。さらに，画地に建てる建築物については，建築物の用途，階数，容積率などとと

10.3 建築協定など

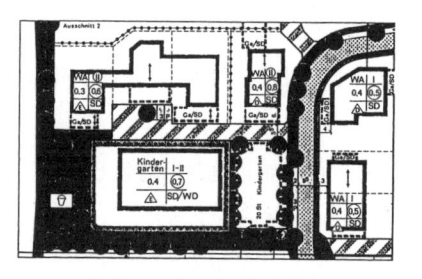

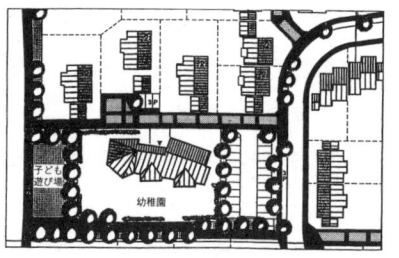

| (a) Bプランの指定内容 | (b) 建築物，緑地の実現状況 |

出典：B. V. Marzahn, Die Bauleitpläne, Karl Krämer Verlag (1985)

図2 Bプラン

もに建築物の建てられる範囲を示す建築制限線，時に壁面位置を規定する建築線が決められる。

10.3 建築協定など

協定は，身近なまちづくりの道具であり，所有権などが移転した場合にも継承されるという法的効果もあるため，住民発意のまちづくりのきっかけとなることが期待されている。以下におもな協定の建築協定，緑地協定，まちづくり協定，景観協定について説明する。

10.3.1 建築協定

建築協定（building agreement）は，**建築基準法**（building standard law）で定められた建築物に関する事項である。内容としてつぎのようなものがある。

- 地区の土地所有者および借地権者の全員の合意が必要。そのため，協定に参加しない人がいると，協定の区域は歯抜けのような形になることもある。
- 地域住民の自主的な協定であり，建築基準法の違反措置の対象とならず，協定で違反者に対する措置を定める。

- 有効期限が定められる（10年としているところが多い）。
- 建築物の敷地，位置，構造，形態，意匠または建築設備の中から，必要なものについて定める。
- 地区計画と異なり，道路や公園などの地区内の都市施設は対象としていない。
- 民間事業者が分譲地に付加価値をつけるために建築協定を設定したうえで分譲することもある（一人協定）。

10.3.2 緑地協定

緑地協定（green space agreement）は，都市緑地法で定められた緑化に関する事項である。内容として，つぎのようなものがある。
- 都市の良好な環境を確保するため，緑地の保全または緑化の推進に関する事項について，土地所有者等の全員の合意により協定を結ぶ制度。
- 都市緑地法（1973年制定）の第45～54条に基づく制度。第45条規定（すでにコミュニティの形成が行われている地区における協定）と第54条規定（宅地開発事業において分譲を受けた者が緑地協定に従うもの）の2種類がある。
- 都市計画区域内における相当規模の一団の土地または道路河川などに隣接する相当の区間にわたる土地を対象とし，土地の区域，保全または植栽する樹木の種類や場所，有効期間，違反した場合の措置などを定め，市町村長の認可を受ける。
- 2012年3月現在，第45条による協定が589件（面積約2 726 ha），また第54条による協定が1 306件（面積約2 968 ha）の合計1 895件で総面積約5 694 haが該当する。

10.3.3 景観協定

景観協定は，景観法（2004年制定）で定められた事項である（**図10.1**）。内容として，つぎのようなものがある。

10.3 建築協定など

図 10.1 景観協定を有する台東区

- 景観法の規定に基づき，景観区域内の一団の土地の所有者，借地権者の全員の合意により結ばれる良好な景観の形成に関する協定。
- 良好な景観の形成に関する事柄をソフトな点まで含めて，住民間の協定により一体的に定めることができる仕組みであり，住民間の契約であるという協定の特質から，景観計画区域や景観地区で定めることができない事柄についても定めることが可能となっている。例えば，ショーウィンドウの照明時間，可動式のワゴンの形や色といったソフトな事柄まで「良好な景観の形成のために必要な事項」として定めることができる。
- 知事または市町村長への建築行為の届出を義務づけ。知事または市町村長は必要なら勧告を行うことができる（これまでは条例がなければできなかった）。さらに，条例の定めがあるときは変更命令を出せる。

　　ただし，変更命令は「形態意匠」つまり狭義のデザイン（色・屋根の形など）に限られる。建物の高さ・規模・位置などは対象外とされる。

　景観法はマスタープランに従って建物をつくれば美しい景観ができるという単純なフィクションの上に組み立てられている。いくつかの自治体条例は，事前協議の手続きを取り入れ，基準を工夫し，数値では表しがたい景観の特性をとらえようと努力していた（真鶴町など）。このような自治体の工夫がどこまで許容されるかが問題である。

10. 地区計画・協定

10.3.4 まちづくり協定

まちづくり協定には，規定した法律はない。内容として，つぎのようなものがある。

- 自主運営：建築物の高さや広告看板のデザインなど。
- 協定は，地区の特性に応じて建築物の用途（1階部分の商業系用途），位置（道路境界からの壁面の後退），デザイン（前面・屋根・外壁の色彩など），壁面後退部分の維持管理などのルールを定めたり，建物のルールに限らず，緑化や美化などの約束ごとをつくっている地区もある。

なお，まちづくりに関連して歴史まちづくりのための法律が制定されている。

歴史まちづくり：地域における歴史的風致の維持および向上に関する法律（2008年施行）。

城や神社，仏閣等の歴史上価値の高い建造物またその周辺には，町家や武家

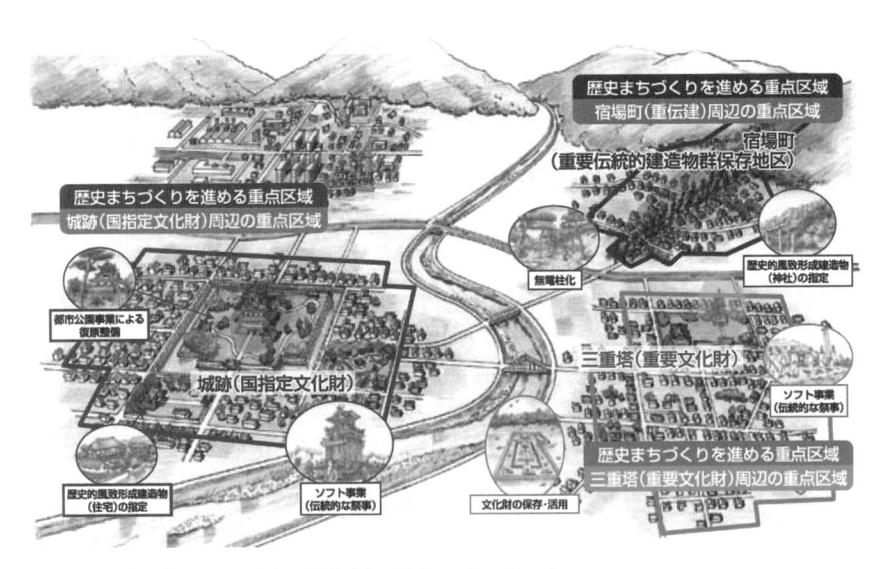

出典：国土交通省ウェブサイト，歴史まちづくりのパンフレット，
http://www.mlit.go.jp/common/000995248.pdf（2014年2月現在）

図 10.2 歴史まちづくり

屋敷などの歴史的な建造物が残る。そこでは工芸品の製造・販売や祭礼行事など，歴史と伝統を反映した人びとの生活が営まれている。そうした地域固有の風情，情緒，たたずまいを醸し出している地区の良好な環境（歴史的風致）を維持・向上させ，後世に継承する取組みが「歴史まちづくり」として行われている（図10.2）。

10.4　地区計画の事例：巣鴨・地蔵通り商店街

　東京の巣鴨・地蔵通り地区は，JR山手線巣鴨駅から西に約200m離れた場所から都電荒川線の庚申塚駅まで約800m，北に猿田彦大神の庚申塚，南に江戸六地蔵の眞性寺，中間にとげぬき地蔵尊の高岩寺が位置し，中山道の幅員がほぼ当時のまま残り，商店街を形成している地区である。

　日本橋から約6km，台地の尾根を通る中山道最初の板橋宿の手前約3kmに位置するこの地区は，江戸時代のはじめまでは江戸の北側に位置する一農村であった。江戸前期，中山道沿いに店が並ぶようになり，1745（延享2）年巣鴨町と巣鴨真性寺門前の二つの町として江戸の一部に組み込まれた。江戸後期には，植木屋たちによる菊づくりが人気を呼び，菊見客でおおいににぎわった。

　1891（明治24）年，東京市区改正計画に伴い，高岩寺が上野から現在の位置に移転する。檀家と切り離され，また交通の便が良くなかったため，高岩寺は著しい経営不振に陥った。そこで考えられたのが，いまでも行われ，まちににぎわいとリズムをつくりだす縁日である。それまで24日のみだった縁日を4のつく日に変更し，かつ寺銭を不要とした。すると露店が通りに並び，また田端～池袋間の鉄道開通，巣鴨駅の開設（1903年），王子電車（現都電）が巣鴨二丁目まで開通（1913年）し，徐々に参拝客を集めるようになった。1935年ごろには，見世物小屋，あめ細工，バナナのたたき売り，古着，植木等の露店が二百数十軒並び，店舗とあわせておおいににぎわった。

　関東大震災（1923年）後の震災復興計画の中で中山道の拡幅が検討される。このとき地蔵通り商店街を避けたルートが計画決定した（現国道17号，白山

通り)。結果として，中山道そして商店街が保全された。地蔵通りという名称もこのころ決まったと思われる。

町内会組織は1915年に三親町会がつくられる。また，商店主たちは1936年，巣鴨地蔵通商店街商業組合を設立，町の美観と防犯のために鉄柱のスズラン灯を設置した。また，戦時中の1940年には，米，味噌，醤油などが切符制になり，各世帯での食料確保が難しくなったこともあり，献立材料配給事業が行われた。

その後戦争により，地蔵通りを含む巣鴨地区はほぼ焼失する。地蔵通りでははじめに露店が戻り，徐々に店舗も立ち上がった。GHQにより中止させられた町内会も復活し，商業組合は駅前と合同で「大巣鴨商業会」として再スタートとなった。

1948年，地蔵通りは東京都の美観商店街に指定され，1952年，店舗数がほぼ戦前の状態に戻る。駅前商店街から分離する形で「巣鴨地蔵通り商業協同組合」が発足した。高度成長とともに地蔵通りもにぎわいを取り戻し，「高岩寺の縁日の日だけ店を出していれば食っていける」商店街と呼ばれた。

しかし，1969年の西友巣鴨店オープン，また同時期の都営三田線の開通により，商店街はそれまでの生活必需品を扱うには不利な状況となる。各商店主は，主たる来街者である高齢者向けの衣料への傾斜，土産物屋・飲食店は名物の開発に腐心していった。「モンスラ（もんぺ式スラックス）」は巣鴨から誕生したファッションであり，「赤パンツ」，「塩大福」なども有名になった。そして現在，信仰の空間と一体となった「お年寄りの原宿」として親しまれ，年間約8百万人，縁日には約6万人の参詣と買物の人びとでにぎわう地区となっている。

1947年に都市計画決定された国道17号（白山通り）の拡幅事業が，1988年になって動き出した。この事業により商店街入り口付近の店舗やトイレが消滅するとともに，周辺では大型プロジェクトが企画・実施されている。同時にお店や来街者の世代交代が進んでおり，信仰心，生活スタイルの変化への対応が求められることとなった。これが地蔵通り地区まちづくりの出発点である。

10.4　地区計画の事例：巣鴨・地蔵通り商店街

　まちづくりは当初，国道拡幅にまちとしてどう対処すべきか，そもそも都市計画とはなにか，という学習からはじまった。国道拡幅は道路を拡幅するものであり，道路用地の外側になる商店街をより良くすることは事業の目的ではない。また，道路事業は完成まで数十年を要することもあるが，その間に買収された土地は通常緑のフェンス（鳥かごと呼ばれる）で覆われ，ゴミが放置され，景観上も問題が多い。これらの状況から自分たちで地区をマネジメントしていくことが重要だという認識が生まれる。さらに，国道拡幅は1，2，3期と約500 m ごとに分けて進められてきた。それぞれ異なる道路の断面構成が考えられており，一体性のない空間がつくられようとしていた。

　まず，1999年に商店街，町会，お寺が中心となって「街づくり協議会」が設立された。最初に協議会の活動を形にしたものが「まちづくり協定」である。商店街は三つの支部から構成され，それぞれ少しずつ客層が異なる。一番西巣鴨寄りの4丁目サービス会では，2004年商店の後継者がいなかった通り沿いの土地が大手デベロッパーに売却され，高層マンション計画が持ち上がったことを契機に，建物の用途や高さ，敷地面積の最低限度などを定める地区計画が作られた（2005年）。残りの二つの支部でも，お年寄りから若い人びとまでが街を楽しみながらゆったり買い物ができるように，建築物の高さや広告看板のデザインに関する「地蔵通り門前仲見世会街づくり協定」（2006年）と「中央名店会街づくり協定」（2007年）がつくられた。看板などのルールをつくっているところは少なくないが，協定として文書化している商店街は全国でもきわめて少ない。**図10.3**にまちづくり協定のイメージを示す。

　また，協議会は国道の買収済み用地を借り受け，美観を損ねないよう整備や管理などを行っている。巣鴨が園芸の里として江戸市民に愛され，かわら版や浮世絵にて紹介されるほど「近郊の盛り場」としてにぎわったということから始まり，青年部が主導する「菊まつり」や「中山道すがもまつり」でもこの用地が活用されている。こうした暫定的な買収済み土地を，地域の人たちがアイディアを出し合って生活環境の改善のために使っているのは，ほかでは千葉県の市川市にある外環道など限られており，先駆的な取組みと評価できる。

10. 地区計画・協定

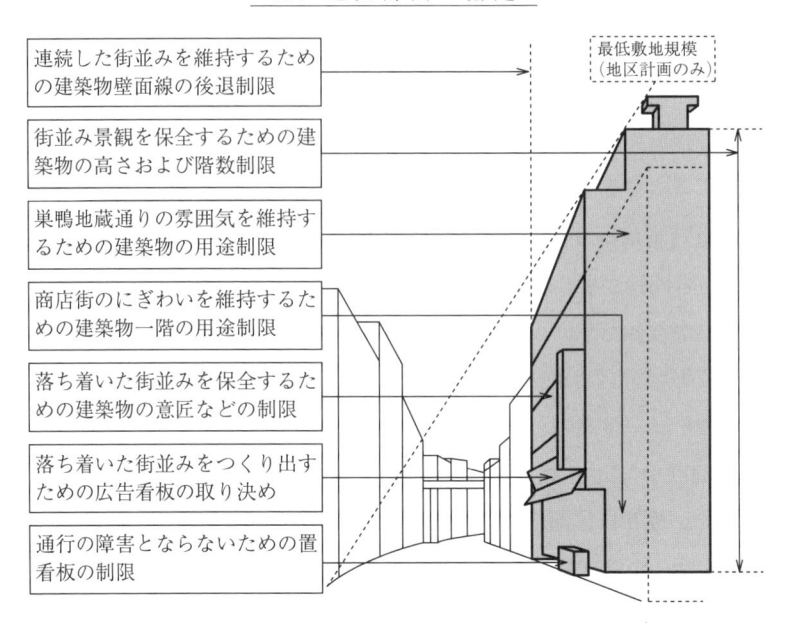

図中ラベル：
- 連続した街並みを維持するための建築物壁面線の後退制限
- 街並み景観を保全するための建築物の高さおよび階数制限
- 巣鴨地蔵通りの雰囲気を維持するための建築物の用途制限
- 商店街のにぎわいを維持するための建築物一階の用途制限
- 落ち着いた街並みを保全するための建築物の意匠などの制限
- 落ち着いた街並みをつくり出すための広告看板の取り決め
- 通行の障害とならないための置看板の制限
- 最低敷地規模（地区計画のみ）

図 10.3 まちづくり協定のイメージ（巣鴨・地蔵通り）[†]

演 習 問 題

〔10.1〕 自分の家の近くにある地区計画あるいは協定がつくられている地区に実際に行って，区域の内と外でどんな違いがあるかに注意して写真を撮影しなさい。また，成立の経緯やどのような土地利用規制などがなされているかについて調べなさい。そして区域の内と外で地価や賃料価格などに違いがあるかなどについても調べなさい。

〔10.2〕 絶対高さ制限とは何か？ 東京都文京区などでは区の全域においてその指定がなされている。その目的や対象また特例について調べ，あなたの市区町村にも必要か否か，意見を述べなさい。

[†] 巣鴨地蔵通り街づくり協定のより詳細な情報を，コロナ社ウェブサイトの本書詳細ページ（http://www.coronasha.co.jp/np/isbn/9784339056372/）の【関連資料】から閲覧できます（転載等は不可）。

11章 都市計画の財源

◆ 本章のテーマ

　都市計画法は規制と事業という二つの実現手段を有している。そして市町村，都道府県，国といった行政，機構や公社といった公的団体のみならず，個人や組合がその実施主体となっている。当前のことであるが，規制においては，策定，監視と評価，また事業においては，策定，実施そして施設の維持管理，評価に費用が必要となる。これらの都市計画に要する費用はだれが負担すべきなのだろうか。また，だれが負担しているのだろうか。
　本章では，都市計画の財源について議論する。

◆ 本章の構成（キーワード）

11.1　負担の考え方
　　　応能負担，応益負担，受益者負担，開発利益，開発利益の還元
11.2　財源
　　　固定資産税，都市計画税，社会資本整備総合交付金，地方債
11.3　新しい動き
　　　PFI，まちづくりファンド

◆ 本章を学ぶとマスターできる内容

☞　都市計画の財源のしくみについて

都市計画法
　　主体・目標：マスタープラン
　　手　段：土地利用規制
　　　　　　都市計画事業；都市施設
　　　　　　　　　　　　　市街地開発事業
　　　　　地区計画
　　　　　財源
　　手　続

11.1 負担の考え方

　負担に関するわかりやすい考え方は，規制や事業を実施する主体が負担し，施設を整備する場合には施設の利用者が負担するというものである。実際，行政あるいは事業を実施する個人（民間企業含む）や組合が自ら資金を調達することや，施設の利用者が料金を払う形で負担することは広く行われている。

　しかし，行政が負担するという場合，その費用は，実際にはだれかが負担することになる。また，土地区画整理事業により，組合員が減歩という形で道路や公園を整備する場合，その道路や公園は，組合員以外も利用できるのだから，行政もその費用の一部を負担すべきではないだろうか。施設利用者の支払う料金についても，それをいくらにすべきかは大きな論点である。建設段階において多額の補助を受けられるのであれば，料金は低く抑えられるが，補助がないときは高くせざるを得ない。さらに，身近な公園や街路などにおいては，料金を徴収することが（技術的には可能であるとしても）効率的でない（フリーライダーが生じないようにするための監視費用のほうが高くなる）場合もある。このときも，少なくとも維持管理の費用はだれかが負担しなくてはならない。

　負担についての考え方として，応能負担，応益負担という二つの考え方がある。応能負担というのは，負担する能力のある人が負担するというものであり，応益負担というのは，その規制や事業によって得られる受益に応じて負担するというものである。

　後者の応益負担は，一つの理解しやすい考え方であろう。実際，規制や事業は，それによって受益を受ける者がいるからこそ行われるのであるから，その受益者が負担する（受益者負担と呼ばれる）のは納得しやすい考え方である。都市計画法においても「国，都道府県又は市町村は，都市計画事業によって著しく利益を受ける者があるときは，その利益を受ける限度において，当該事業に要する費用の一部を当該利益を受ける者に負担させることができる」（第75条）と規定されている（また，同様の規定が河川法や道路法にも存在する）。

規制や事業による効果は，さまざまな市場を経由して最終的にその一部は，土地や建物の価格に反映する。より魅力的な地域になるのであれば，その地域の不動産価格は（絶対的ではなく）相対的に上昇するはずである。この不動産価格の上昇分を開発利益と呼ぶ。開発利益は，ある個人が自らの投資で行って得た利益とは言いがたいため，その利益を，規制や事業に要する費用に充てるというのは適切なことである。これが「開発利益の還元」であり，受益者負担の考え方に含まれる。

しかし，わが国において「開発利益の還元」は十分なされているとは言いがたい。開発利益の大きさの計測がきわめて難しいことがその一因である。不動産価格は，規制や事業の有無とは無関係につねに変化している。したがって，不動産価格の変化分から開発利益の寄与分を推定するのは困難である。そのため，だれが受益者なのかを特定することは容易ではない。開発利益の還元は，公平性，決定手続，徴収・還流の方法等さまざまな論点を抱えており，実際，都市計画法に基づく受益者負担金制度は，下水道で事業費の総事業費の数％を占める以外は，ほとんど活用されていない。

事業の仕組みとして受益者負担を明示的に組み込んでいるのが，土地区画整理事業における減歩や，市街地再開発事業における権利変換である。これらは事業により不動産の価格が上昇することを前提にして行われる。

一方，応能負担の典型は所得税である。所得が多い人ほど多くの税金を支払う。支払う能力に応じた負担といえる。

11.2　財　　源

では現在，地方公共団体がどのような形で都市計画の財源を調達しているのだろうか。主たる財源としてつぎのものがある。
- 税金（一般税，目的税），料金，負担金
- 国庫支出金および地方交付税（4.2節参照）
- 地方債（4.2節参照）

11.2.1 税金と料金

都市計画にかかわる代表的な税金には，つぎの固定資産税と都市計画税がある。

固定資産税：土地・家屋・償却資産を所有している者に課税される地方税。資産価値（固定資産税評価額）を課税標準とし，課税標準に税率（標準税率：1.4％）を乗じることにより税額が算出される。

都市計画税：都市計画区域内の土地・建物に市町村が条例で課すことのできる税金であり，固定資産税とあわせて徴収される土地保有税。都市計画事業（公園事業，都市区画整理事業，下水道事業等）や土地区画整理事業に要する費用に充てる目的税であり，制限税率は0.3％となっている。市町村によっては，都市計画税を課さず，標準税率を超えて固定資産税を課しているところもあれば，都市計画税を0.3％未満で課しているところもある。2017年3月時点における関東の中の1都4県（東京都，神奈川県，千葉県，茨城県，埼玉県）[1] 各市区町村の税率は**図11.1**のようになっている。

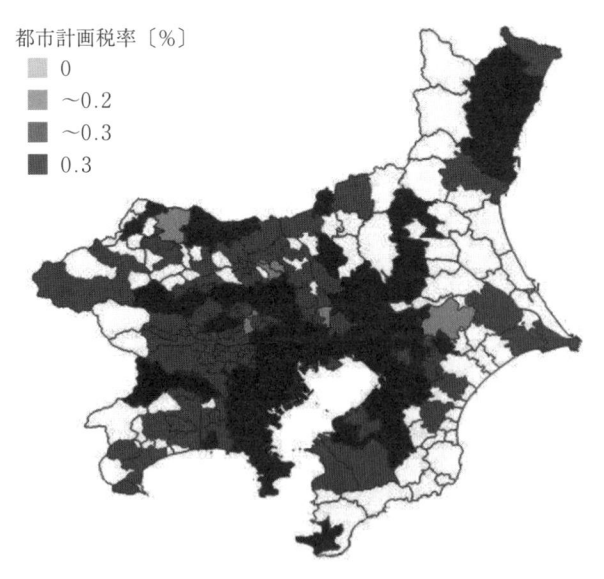

図11.1　1都4県各市区町村の都市計画税率（2018年3月）[1]

人口減少下において，都市計画税の目的，使途また課税の水準が適切かどうかは大きな論点である。一方，料金には施設利用料や2部料金制度（鉄道，水道，ガス，電気等は，基本料金＋使用量に応じた料金）などがある。

11.2.2　社会資本整備総合交付金

地方自治体は，単独で事業をやる財源に乏しい。そのため，国が地方公共団体が行う社会資本の整備などの取組みを支援し，交通の安全の確保とその円滑化，経済基盤の強化，生活環境の保全，都市環境の改善および国土の保全と開発ならびに住生活の安定の確保および向上を図る補助金として社会資本整備総合交付金がある。従来の補助事業に比べ，市町村の自主性・裁量性が大幅に向上することから，地域の創意工夫を生かした総合的かつ一体的なまちづくりをすすめることが可能となる（図11.2）。歴史・文化・自然環境等を生かしたまちづくりや，生活に必要な都市機能（医療・福祉，商業等）の整備・維持を行い，持続可能な都市構造への再構築を図る。

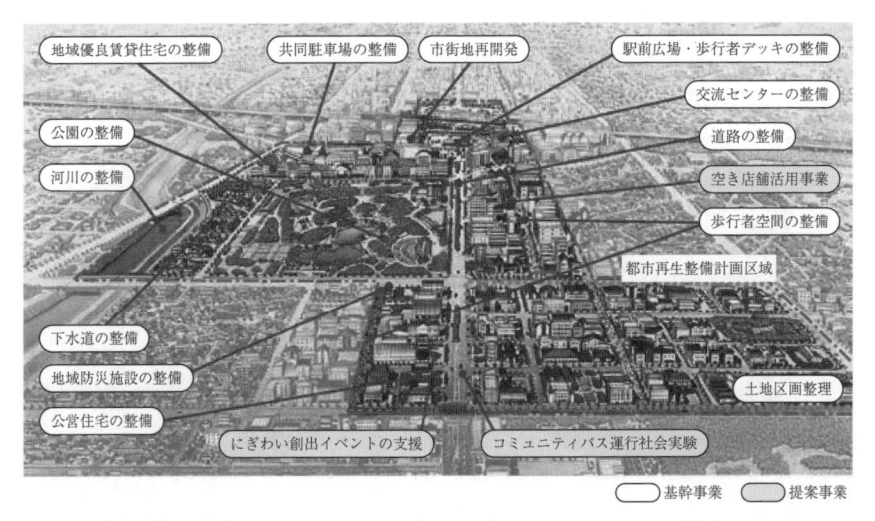

出典：中部地方整備局ウェブサイト，都市再生整備計画事業，
　　　http://www.cbr.mlit.go.jp/kensei/machi_seibika/tosisaisei.htm（2018年3月現在）

図11.2　社会資本整備総合交付金の使途

11.2.3 地方債

地方公共団体が財政収入の不足を補うため，あるいは地方公営企業の建設，改良などの資金調達のために行う長期借入金を地方債という。地方公共団体の普通会計の収入の約 13 % を占める。普通は政府関係機関，資金運用部など国の機関や市中銀行から借り入れる。地方自治法・地方財政法は適債条件を法定し，赤字が大きすぎたり，公債費比率が著しく高かったり，地方税の徴収率が低い自治体に対して起債を制限している。

現在，地方財政は多額の財源不足など厳しい状況にあり，地方公共団体は地方債に依存した財政運営をせざるを得ない状況にある。

11.2.4 都市計画事業費の実態

都市計画事業費は 2015 年度で約 4 兆円が使われている。その約半分は下水道整備である（図 11.3（a））。また財源は，市町村が約半分を負担し，残りを国や都道府県などが支出している。都市計画税が占める割合は約 1 割であり，都道府県および市町村の地方債が約 4 割を占めている（図 11.3（b））。都市

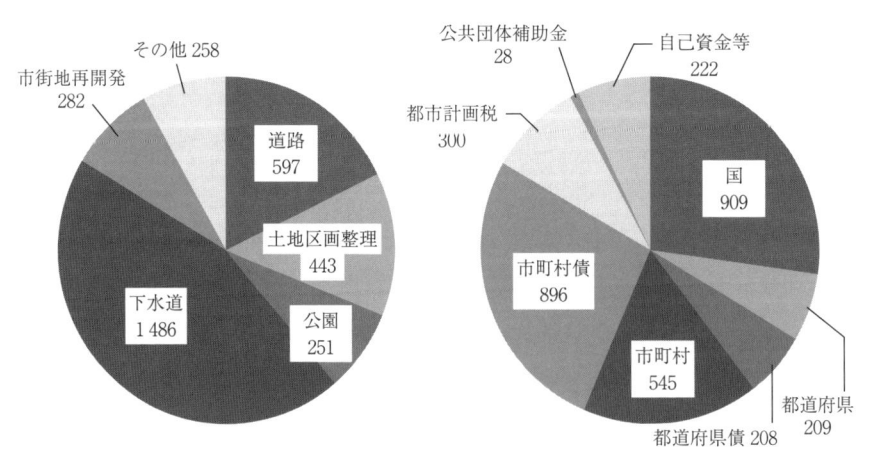

（a）都市計画事業費の構成〔十億円〕　（b）都市計画事業費の財源内訳〔十億円〕

出典：2015 年度都市計画年報より作成

図 11.3　都市計画事業費の構成と財源

計画が市民の生活に結びついていることを考えれば，市町村そして都市計画税が占める割合はもっと高くすべきではないだろうか．

11.3 新しい動き

11.3.1 民間による施設建設・管理

高齢化の進展による介護・医療費の増加や公共施設での維持管理・更新費の増加に伴い，公共施設などの建設から，維持管理，運営までを，民間の資金や経営能力および技術的能力を活用して行う手法として **PFI**（private finance initiative，**プライベート・ファイナンス・イニシアティブ**）がある．事業期間は，10～30年間と長期である．しかし，膨大な初期投資が必要なため，民間側のリスクも高く，資金調達力の関係で大企業でないと参入が困難である．

指定管理者制度（destinated manager system）は，博物館や図書館，公園，保育園等，地方自治体が設置する『公の施設』の管理運営を民間企業やNPOなど「民」の団体に広く委任する制度である．「行政サービスの民間開放」という構造改革の流れの中で，2003（平成15）年6月に地方自治法第244条の2の改正により創設され，同年9月から施行されたものである．

それまでは，地方自治体が『公の施設』の管理運営を委託できる団体は，地方自治体が出捐・出資した財団法人や第三セクターなどに限られていた．『公の施設』の管理運営に「民間」の参入を可能にした指定管理者制度は，「住民サービスの向上」や「行政コストの削減」に『民間のノウハウ』の活用を図ることを目的としている．PFIと異なり，施設の管理運営業務だけであり，資金力もあまり必要としないため，企業だけでなくNPOなどの市民団体も参入することができる．

11.3.2 策定および実施後の活動支援：まちづくりファンド

助成による資金的支援によって住民のまちづくり活動を応援する仕組みとしてまちづくりファンドがある．これは，公益的な目的で一定の財産を受託者

（信託銀行など）に委託し，受託者はこれを管理・運営しながら公益活動を行っていくという公益信託にあり，運営されることが多い。

全国に先駆けて始まった，「世田谷まちづくりファンド」では，ファンド受託者が設ける運営委員会は，学識経験者や区民，行政の人びとによって構成され，助成先の選考など，公益事業の遂行について，受託者に助言勧告。これに基づいて受託者が遂行する。

以下の特徴的な運営方法が全国のモデルになっている。

- 公開審査会方式による助成決定

 ガラス張りの助成決定により，選考プロセスの透明性と中立性が確保されている。

- 「学びあい育ちあう場」としての運営

 活動発表会（年2回）を通して，活動グループ相互の情報交換や学習，ネットワーク形成の機会を設けている。

- 区民サポーターによるファンド支援

 区民サポーターの参画により，発表会の企画や運営，ファンド支援チャリティコンサートの開催などが行われている。

- 個人・企業や行政からの寄付金による基金づくり

 助成のための基金は，行政からの出捐金以外に，世田谷区内外の個人や企業の寄付金によって成り立っている。

コラム

コミュニティガーデン・アダプト制度

コミュニティガーデンとは，地域住民が主体となって，地域のために場所の選定から造成，維持管理までのすべて過程を自主的な活動によって支えている『緑の空間』やその活動のことをいう。

活動主体となる地域住民は，活動の中でガーデニングの技術や植物に関する知識などを学び，また，活動を通してコミュニティも生まれる。活動にかかわらない人にとっても，地域に緑が増え，憩いの空間が生み出されるというメ

リットが生じる．さらに，行政にとっても，公園整備や緑化に要するコストや人的負担の削減につながることから，コミュニティガーデンを支援する動きもある．

〔参考〕EIC ネットのウェブサイト「コミュニティガーデン !?」：
http://www.eic.or.jp/library/pickup/pu020829.html（2014 年 2 月現在）

また，似た仕組みとして，道路や河川など行政が管理する空間における「アダプト制度」がある．これは住民や企業などの団体が，散乱ごみの清掃や植栽などその空間の管理を行う仕組みである（例：東京都荒川区の千住桜木地区）．

〔参考〕荒川下流河川事務所のウェブサイト，事務所の取り組み：
http://www.ktr.mlit.go.jp/arage/about/outline/outline03.html
（2014 年 2 月現在）

コラム

香川県高松市丸亀町

図は商店街再生のモデル．所有と利用を分離したことが特徴．まちづくり会社が地権者から定期借地権で借り受け，賃貸を行って賃貸料を出資者に戻す．

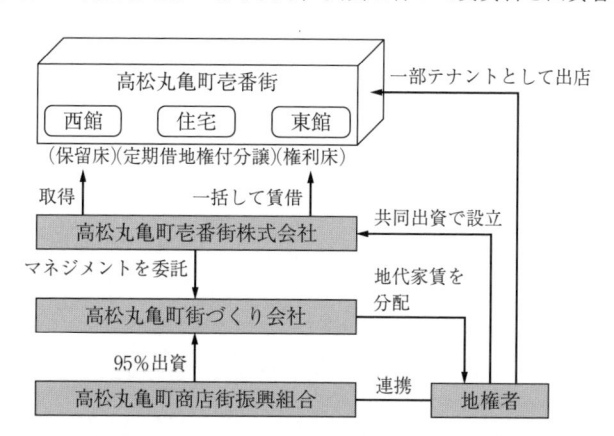

出典：まちなか再生ポータルサイト，香川県高松市，
http://www.furusato-zaidan.or.jp/machinaka/project/casestudies/kagawa01.html
（2014 年 2 月現在）

図　丸亀町商店街 A 街区再開発のスキーム

演習問題

〔**11.1**〕 環境汚染費用の負担方法としての汚染者負担と拡大生産者責任について調べなさい。

〔**11.2**〕 アメリカには TIF（tax increment financing）という資金調達の仕組みがある。どんな仕組みか調べなさい。

〔**11.3**〕 公衆トイレや駐輪場は快適性を害しているところが多い。より望ましいメンテナンスの仕組み（管理，財源）について考えなさい。

12章 都市計画の決定手続

◆ 本章のテーマ

　都市計画の規制や事業によって直接影響を受けるのは，いうまでもなく，企業を含めた市民である。したがって，都市計画の案を作成してから最終的に決定するまでの過程，すなわち都市計画の決定手続において，市町村あるいは都道府県がいかに市民の利害，満足や不満を認識し，それらをどう調整するかということは，重要な問題である。この市民との利害調整過程は「市民参加」と呼ばれる。一方，市民の側からすると，いかに計画過程に関与し，より高い満足の得られる計画の内容にしていくことができるかがきわめて重要である。そのためには意思決定のための情報，さらには権限があることが望ましい。

　また，将来世代そして生物は，自らの利害を主張することはできない。行政や現世代の市民には，そうした人間や自然の立場も踏まえることも必要である。

　本章では，都市計画をめぐる利害調整の仕組みについて述べる。

◆ 本章の構成（キーワード）

12.1　計画決定手続：現行法制度とその課題
　　　都市計画決定手続，都市計画審議会，Bプラン，マスタープラン
12.2　環境影響評価
12.3　市民参加と利害調整システム
　　　市民参加，情報公開，
　　　計画提案制度，行政訴訟

◆ 本章を学ぶとマスターできる内容

☞　都市計画決定手続の流れ
☞　利害調整の仕組み

```
都市計画法
　主体・目標：マスタープラン
　手　段：土地利用規制
　　　　　都市計画事業；都市施設
　　　　　　　　　　　　市街地開発事業
　　　　　地区計画
　　　　　財源
　手　続
```

12. 都市計画の決定手続

12.1 計画決定手続：現行法制度とその課題

　都市計画法では都市計画の決定権限を有する主体は，主として市町村であり，都市計画区域マスタープラン，区域区分，大規模な市街地開発事業等については都道府県となっている。こうした都市計画の決定手続は**図 12.1** のように規定されている。都道府県と市町村で少し異なるが，都市計画の案は「公聴会の開催等」や「意見の提出」を通じた住民の参加，また都市計画審議会での審議を経て決定される。

　都市計画審議会：都市計画の案を審議する会であり，都道府県には設置が義

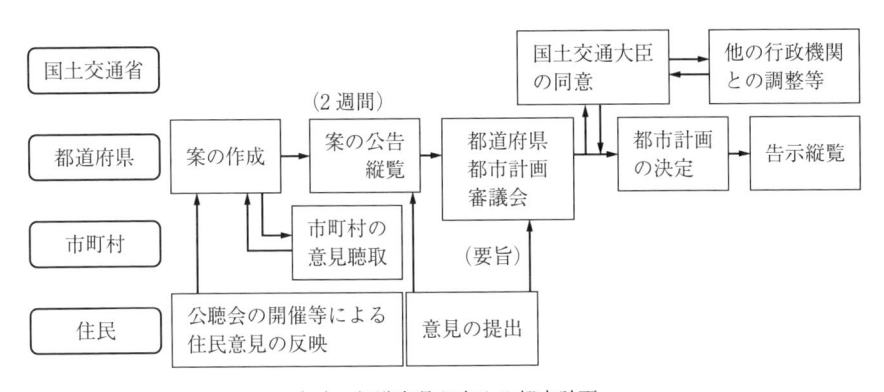

（a）都道府県が定める都市計画

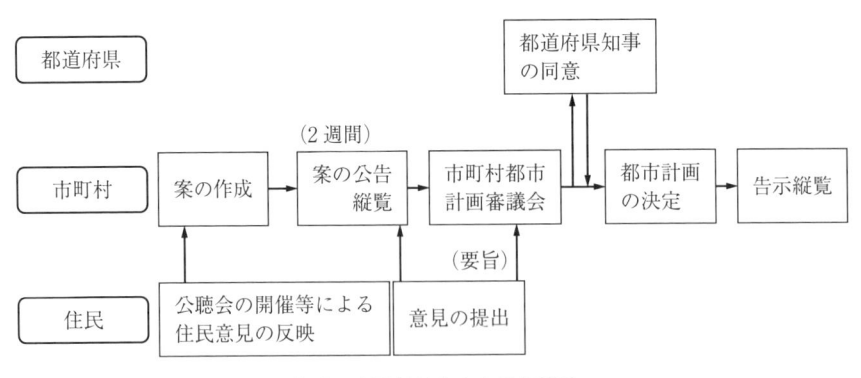

（b）市町村が定める都市計画

図 12.1　都市計画の決定手続

12.1 計画決定手続：現行法制度とその課題

務づけられている。市町村には義務づけされていないが，都市計画区域を有するほぼすべての市町村において設置されている。委員の構成は，学識経験者（大学で都市計画を教えている教員や都市計画を行政で行ってきたOBなど），議員，関係行政機関の職員等によって構成される。知事や市区町村長の諮問に応じ，都市計画に関する事項を調査審議することもできる。

一方で，この手続きについては，従来より「行政の一方的判断と市民の一瞬の参加」という批判がなされてきた。

具体的にはつぎのような会議や手続きとその問題がある。

公聴会：この開催は，都市計画法においては任意的なものとして定められている（第16条1項）。なお条文にある「必要があると認めるとき」とは，市街化区域・市街化調整区域に関する都市計画を定める場合のほか，用途地域を全般的に再検討し，または根幹的な都市施設を定めるなど，都市構造全体に影響を及ぼす基本的な都市計画を定める場合であると解されている。

説明会：関係者が理性的に適正な判断を行う場にはならず，「言いっぱなし，聞きっぱなし」になることが多い。

公告縦覧・周知措置：案の縦覧や意見書提出手続は「都市計画を決定しようとするとき」に行われる（第17条1項）。場所や縦覧の時間が限られ，コピー代も高額である。また，資料も専門用語が多く，分厚かったりするために，市民の理解しやすさという観点では作成されていない。パンフレットが作られることもあるが，事業者にとって都合の良い情報しかなく，論点を提示し，複数の代替案を示すなど，市民とともに考える姿勢が示されることはまれである。なお，「地区計画」については，意見聴取のタイミングが原案作成段階に前倒しされている（第16条2項）。

意見の提出：案の広告・縦覧から2週間で意見を書いた文書（意見書）を提出するのは容易ではない。また感情的や断片的なものも少なくないといわれる。計画決定権者に提出された意見書は，その要旨が審議会に提出され

る（第18条2項，第19条2項）のであり，意見書そのものが都市計画審議会で議論されるのではない。

審議会：対立する諸利益の調整が計画策定手続において重要な課題であるにもかかわらず，諸利益がバランスよく代表されていない，言い換えると委員の選出に恣意性があるのではないかとの危惧がある。また，短時間で案件を処理するため，どこまで真剣な議論ができているのか不明な点も多い。学識経験者は比較的中立的立場から発言ができるが，地元居住者とは限らないため，現場の状況をよくわからないまま審議に参加することになる可能性もある。なお，いくつかの自治体では，市民代表を審議会委員としたり，審議を公開しているところもある（原則は非公開とし，事後的に議事録を公開している市区町村は多い）。

これまで，市民参加による民主的な統制よりも専門知識の導入が重視され，公聴会の開催や議会の関与はほとんど定められず，諮問機関（審議会）への諮問が定められてきた。市民参加手続が定められる場合でも，その多くは，計画を決定する直前の段階における縦覧・意見書提出にとどまっている。「どうせ意見書を提出してもなにも変わらない。もう決まってしまっている」と最初からあきらめてしまっている市民も存在する。

これからは民主的な統制も重要になる。例えば，議員は審議会のメンバーであるが，議会は都市計画決定のプロセスに一切関与しない。この理由は計画には専門的な知識を要するためや，議会が関与すると特定の利害誘導につながる可能性があるためとされている。しかし，利害対立が大きい案件などにおいては，議会を通じて決定するという仕組みが良いという意見がある。実際，ドイツの**Bプラン**（Bebauungsplan）やアメリカの**マスタープラン**（master plan）は，議会の決定事項になっている。

12.2　環境影響評価

都市計画は，都市の健全な発展と秩序ある整備を図ることを目的としている

12.2 環境影響評価

が，事前に十分な調査・検討を行って各種都市計画事業の実施が周辺の環境に著しい影響を及ぼさないように配慮し，必要に応じて環境への影響を回避，緩和または補償（ミチゲーション）するのが**環境影響評価**（**環境アセスメント**，environmental impact assessment）である。

1997（平成9）年に「環境影響評価法」が成立し，1999（平成11）年から都市計画に定める都市施設および市街地開発事業のうち一定規模以上のものについては，それぞれの都市計画決定にあわせて都市計画決定権者が環境影響評価を実施することとなり，その中で環境に関する住民らの意見が都市計画に十分反映されるよう規定が設けられている。

環境影響評価のおもな手順はつぎの（1）～（4）のような流れである（**図12.2**）。

（1） スクリーニング

事業者が許認可などを行う行政機関（許認可等権者）に事業の概要を届け出る。行政機関は，都道府県知事に意見を聴いて，事業内容，地域特性に応じて環境影響評価を行う必要があるかどうかを判定する。

（2） 環境影響評価方法書（スコーピング）

（1）で環境影響評価の対象と判定された事業者は，環境影響評価の項目・手法について環境影響評価方法書を作成し，都道府県知事・市町村長・住民らの意見を聴き，具体的な環境影響評価の方法を定める。

（3） 環境影響評価準備書

事業者は，事業の実施前に，環境影響の調査・予測・評価・環境保全対策の検討を行って環境影響評価準備書を作成し，都道府県知事・市町村長・住民らの環境保全上の意見を聴く。

（4） 環境影響評価書

事業者は（3）をふまえて，環境影響評価書を作成する。環境影響評価書について，環境大臣は必要に応じ許認可などを行う行政機関に対し環境保全上の意見を提出し，許認可などを行う行政機関はその意見をふまえて，事業者に環境保全上の意見を提出する。事業者は，これらの意見をふまえて環境影響評価

12. 都市計画の決定手続

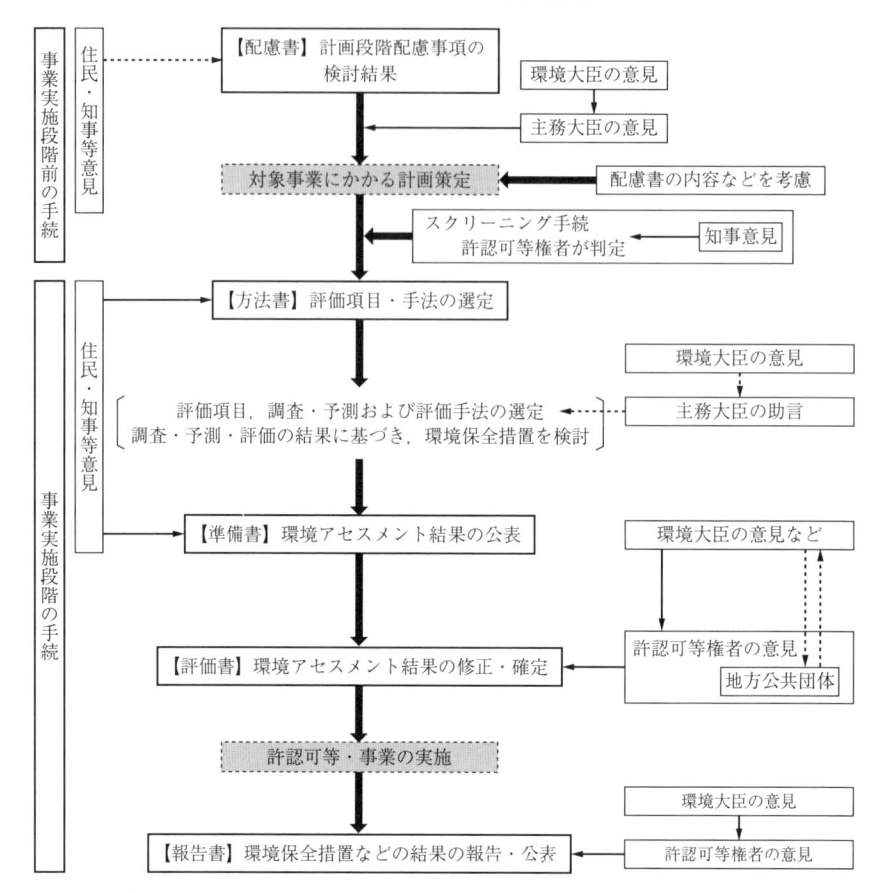

事業実施段階前の手続
- 住民・知事等意見

【配慮書】計画段階配慮事項の検討結果
→ 環境大臣の意見
→ 主務大臣の意見

対象事業にかかる計画策定 ← 配慮書の内容などを考慮

スクリーニング手続　許認可等権者が判定 ← 知事意見

事業実施段階の手続
- 住民・知事等意見

【方法書】評価項目・手法の選定

評価項目，調査・予測および評価手法の選定
調査・予測・評価の結果に基づき，環境保全措置を検討
→ 環境大臣の意見
→ 主務大臣の助言

【準備書】環境アセスメント結果の公表

環境大臣の意見など
↕
許認可等権者の意見
地方公共団体

【評価書】環境アセスメント結果の修正・確定

許認可等・事業の実施

【報告書】環境保全措置などの結果の報告・公表
→ 環境大臣の意見
→ 許認可等権者の意見

出典：環境省ウェブサイト，平成25年版環境・循環型社会・生物多様性白書より作成，
http://www.env.go.jp/policy/hakusyo/h25/html/hj13020607.html#n2_6_7（2014年2月現在）

図 12.2　環境影響評価の流れ

書を補正するとともに，**環境保全措置（ミチゲーション**，mitigation）を行う。

ミチゲーションにはつぎの5段階があり，この順序で環境対策を講じる。

① 回　避：ある行為をしないことで影響を避ける。

② 最小化：ある行為とその実施に当たり，規模や程度を制限して影響を最小化する。

③ 修正・修復：影響を受ける環境の修復，回復，復元により，影響を矯正する。

④ 軽　減：ある行為の実施期間中，繰返しの保護やメンテナンスで影響を軽減または除去する。
⑤ 代　償：代替資源や環境を置き換えて提供して影響の代償措置を行う。

なお，より簡単に回避，軽減，代償の3段階とみなすこともある。

東京都，埼玉県などいくつかの自治体では，環境影響評価の結果を事業計画の早い段階から適切に反映するとともに，複数の事業計画案を環境面から比較評価する計画段階アセスメントが導入されている。

12.3　市民参加と利害調整システム

12.3.1　市　民　参　加

規制や事業は市民の財産権に大きな影響を及ぼすため，特定の個人によって恣意的に都市計画決定がなされることがあってはならない。また，市民は近視眼的，狭域的で，周辺地域の市民や将来世代，自然等に及ぼす影響などを十分

表12.1　市民参加の意義

計画の合理性を高める	土木計画は地域の社会経済条件や歴史・文化的条件などを踏まえて作成されるべきものである。そのためには各地域の特性を網羅的に把握しておく必要がある。しかしながら，計画者が随時これらの情報をすべて把握することは困難であり，市民とのコミュニケーションを通じて計画に必要な情報を収集し，計画策定に生かすことが重要である。
計画の実効性を高める：効果を最大限に発揮できるようにする	行政が広域的・長期的にすばらしい計画ができたと考えている場合においても，計画によって影響を受ける市民がその計画の意義をよく理解できていなければ，計画は想定したとおりに機能しない。市民参加を通じて計画が市民に理解され，その効果を最大限に発揮できるようになる。
参加自体が満足をもたらす	計画はもちろん実施されてはじめて意味をもつものであるが，計画をつくること自体にも価値がある。例えば，旅行に行く前に立てるプランづくりをとりあげよう。はじめに滝を眺めて，つぎにおいしい食事をして……と，旅行に行く前にアイディアを出していろいろ構想を練るということ自体にも価値を感じている。これは旅行という行動をして得られる満足とは別のものである。もう一つの例は，プラモデルである。もちろん完成したプラモデルを鑑賞することも楽しいのであるが，われわれはプラモデルを製作する過程自体も楽しむことができる。すなわち，われわれ人間は「つくる」という活動自体にも価値を感じているのであり，計画策定も行政が独占するのではなく，市民とともに創り上げることで満足が向上する。

考慮しないで判断する傾向がある。一方で，福祉やスポーツ・文化，自然環境保全等を行っている団体やNPOなどの組織は，まちの魅力をよく理解しており，まちに対してこうしてほしいといった意見や専門的知識をもった方も多い。都市計画の決定過程に市民を参加させることはきわめて重要である（**表12.1**）。

参加の基盤となるのが「情報」であり，計画にかかわる情報が公開され，共有されないと参加は機能しない。そのためつぎのような情報公開法や行政手続法がある。

コラム

住民参加の梯子（はしご）

アメリカの社会学者のアーンスタイン（Sherry R. Arnstein）が1969年に提示した概念。梯子の最下段は「世論操作」であり，「住民参加」の名を借りた権力者による支配・統制の状態を，その一段上の「不満をそらす操作」とともに，実質的には参加不在の状態を意味する（図参照）。

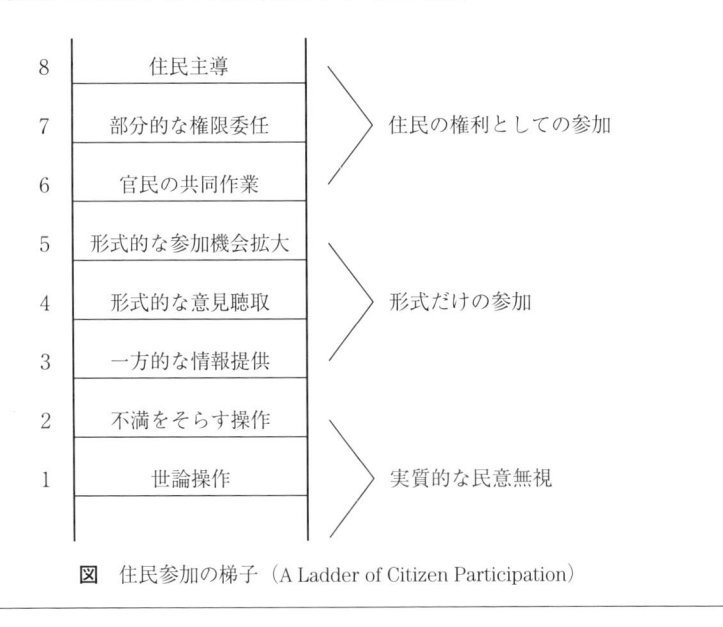

段	内容	区分
8	住民主導	住民の権利としての参加
7	部分的な権限委任	
6	官民の共同作業	
5	形式的な参加機会拡大	形式だけの参加
4	形式的な意見聴取	
3	一方的な情報提供	
2	不満をそらす操作	実質的な民意無視
1	世論操作	

図 住民参加の梯子（A Ladder of Citizen Participation）

12.3 市民参加と利害調整システム

情報公開法・行政手続法：情報公開法は，国や地方公共団体の行政文書の開示義務を定めた法律である。行政機関が保有する情報について，開示を求める請求があれば，一部の例外を除き開示請求者にすべて公開することが定められている。行政手続法は，行政機関が行う指導や処分，行政機関に対して行う申請などに関して，必要とされる手続きや行政側に求められる対応などを定める。ともに公正で民主的な行政を確保することを目的としている。

また，さまざまな価値観や意見を有しながら暮らすまちの人びとが，そのまちをより安全で魅力的なものとするために，開かれた議論を行い，まちづくりの提案や実践を行う組織がまちづくり協議会である。

自治体のまちづくり条例に規定されている協議会，土地区画整理事業や市街地再開発事業の関係権利者が任意に組織する協議会，そしてこれら以外の任意の協議会という三つのタイプが存在する。相互扶助あるいは親睦団体としての町内会や自治会とは，目的や空間的範囲が異なる。

まちづくり協議会内で行われる議論そして提案や実践が，計画の質を高める。こうしたまちづくり協議会の活動を支援するのも専門家の重要な役割である。

【計画提案制度】

計画原案の提案権を国民に認める制度として計画提案制度がある。都市計画法は，土地所有者などからの計画原案の提案を認めるほか，いわゆるまちづくりNPOからの計画原案の提案を認めている。提案に際しては，対象となる土地の所有者などの3分の2以上の同意が求められている（第21条の2第3項2号）。

コラム

行政を動かす議会の力

都市計画に関連する問題で，行政に動いてほしいのに動いてくれないという状況も全国各地でみられる。行政を動かすには，選挙を通じて知事や市長になるという選択肢があるが，それはたやすいことではないし，また，知事や市長

> の仕事は都市計画だけではない。もう一つは議会の力を借りることである。そのために，請願や陳情というシステムがある。
>
> 請願・陳情：請願とは，市民の意見や要望を文書にまとめて議会に提出することをいう。1名以上の議員の紹介があり，署名または記名押印した請願書で提出することが要件となっている。受理された請願書は，本会議で関係する委員会に付託（審査をまかせること）され，慎重に審査された後，本会議において採択・不採択が決定される。
>
> 　一方，陳情は提出にあたって紹介議員を必要としない。受理された陳情書は，関係する委員会に参考として送付されるが，原則として，参考送付のため審査はされない。ただし，必要と認めるものは請願と同様に処理される。
>
> 　採択された請願や陳情は，議会通知として長に伝えられ，長はそれを行政内部で検討することになる。議会で採択されたからといって長はそのとおりにしなければならないというわけではないが，市民が行政に陳情を提出するのとは，重みは大きく異なる。
>
> 　そのほかにも，本会議において議員が質問をし，行政が動かざるを得ないようにすることも重要である。

12.3.2　紛争処理システム

　都市計画をめぐる紛争は大きく二つある。一つは，適法な行為であっても，景観や環境の悪化をもたらすことが懸念される開発や建築行為（高層マンションや嫌悪施設の建設など）に関する市民間の紛争であり，もう一つは規制や事業をめぐる市民と行政の紛争である。しかし，市民間の紛争にあってもその開発や建築の許認可をめぐって行政に調整を求めるケースも多い。また，そうした開発や建築行為を行うのは資金や専門的知識を有した企業あるいは行政であるが，もう一方の当事者である市民サイドは情報を入手するのにコストがかかり，かつ，それをわかりやすく説明してくれる専門家が少ない。結果として，対等の関係が築けず，感情論になりがちである。こうした場合，利害の対立は調整がなされず，拡大していくことになる。

12.3 市民参加と利害調整システム

この項では都市計画決定手続以外の利害調整の仕組みについて紹介する。

〔1〕 **行政不服申立・調停**　市民は，違法または不法な処分（公権力の発動にあたる行為で，市民の権利や義務に影響を及ぼすもの）によって権利が侵害されたと判断した場合，行政に不服申立をすることができる（処分があったことを知った日の翌日から起算して 60 日以内）。また，公害紛争に関しては各都道府県に公害審査会が設置されており，審査委員が被害者加害者の間に立って双方の主張を調整し，調停という形でとりまとめるものである（公害審査会は非公開が原則）。

調停手続は双方が主張を述べ合うところから始まる。道路建設の場合，事業を中止してほしい，あるいは道路構造の変更や環境施設を設置してほしいというのが関係住民の主張となる。これを事業者側が受け入れれば，それで調停が成立するが，計画が進んでいる段階では調停は不調に終わることがほとんどである。

〔2〕 **訴　　訟**　市民間の紛争を裁判により法律的・強制的に解決するのが**民事訴訟**（civil action）である。一方，行政の行った行為の適法性を争い，その取消・変更などを求める訴訟を**行政訴訟**（administrative litigation（action））という。

裁判は，権利が侵害された後に，侵害されたかどうかを判断し，侵害が認められた場合には，それを金銭で解決するシステムである。そのため，侵害のおそれがあるというだけでは裁判にならず（**原告適格**（standing to sue）や処分性の問題），あるいは侵害されたとしても事業が進展してしまった後では回復困難な場合も少なくない（例えば，優れた景観などは事業により土地が改変されれば，もとに戻すことはほぼ不可能であり，訴訟請求を棄却できる事情判決という制度がある）。また，都市計画においては，計画の是非を単純に判断できない（ある人にとってはプラスでも，別の人にとってはマイナスの可能性もあるし，不確実性も大きく，将来にわたって是や非と断定できるわけではない）ケースも多い。そして裁判官が価値を判断するのは容易ではない。

コラム

事業計画決定の取消訴訟・差止め訴訟

●「青写真判決」の見直し

浜松市の遠州鉄道上島駅前の変則 5 叉路交差点付近では，慢性交通渋滞などの課題が生じており，市は 2003（平成 15）年，遠州鉄道の高架化事業とあわせて，この付近の区画整理を計画した。地元の反対が強かったため，市は施行予定区域を 3 分の 1 に減らすなど計画変更を行ったが，それでも納得のいかない住民は事業計画決定などの取消を求めて提訴した。

1966（昭和 41）年に最高裁で「事業計画は事業の青写真にすぎないので，まだ訴訟はできない（**行政処分**（administrative disposition）にはあたらない）」といういわゆる「青写真判決」がなされており，今回の訴訟でもこれにならい，地裁でも高裁でも住民の訴えは却下され，最高裁にまで至った。

判決では「区画整理の事業計画の決定は施行地区内の地権者の法的地位に影響を与える。この段階で訴訟ができなければ救済としては十分ではない。したがって，市町村が施行する土地区画整理事業における事業計画の決定は訴訟の対象となる行政処分にあたる」とし，1,2 審判決を破棄し，審理を静岡地裁に差し戻した。事業計画決定以降は指定区域内で自由に建物が建てられないなど地権者の権利が制限されること，また，換地処分がなされるまで提訴できないのであれば，かりに裁判所が計画を違法だと判断した場合，それまでの投資がむだになることなど「青写真判決」にはこれまで批判が多かったが，42 年ぶりに最高裁の判例が見直された。

●鞆の浦訴訟

広島県福山市にある鞆の浦は，瀬戸内海国立公園にあり「風待ちの港」として知られ，古くは万葉集にも詠まれている。江戸時代には朝鮮通信使が立ち寄り，最近ではアニメ映画「崖の上のポニョ」の舞台にもなった。

狭い道路に民家が密集していたため，地区の住民は生活改善のために道路整備を要望し，海岸を埋め立てて橋を架ける構想が約 25 年前につくられた。これに対し，鞆の浦の景観を守りたいと考える住民らは，2007（平成 19）年，埋立て免許の交付の差止めを求める訴訟を起こした。なお，世界文化遺産の候補地を調査するユネスコの諮問機関「国際記念物遺跡会議」（イコモス）は 2 度にわたって埋立て中止を求める決議を採択していた。

2009（平成 21）年，広島地裁は判決で「鞆の浦の景観は美しいだけでなく文化的，歴史的価値を有し，国民の財産である」とし，行政側が実施しようとしている道路や駐車場の整備などの事業に必要性や公共性があることは認めつ

つ，景観保全を犠牲にしてまでの必要性があるかどうかについては大きな疑問が残る。また，事業が完成した後に景観を復元することは不可能であるとし，埋立の免許交付の差止めを命じた。また，架橋に代えて山側にトンネルを掘ってバイパス路とする代替案にも言及し，計画の再考を促した。

この判決で，景観保全のためには住民の利便性も制約されることがあるという初めての判断がなされた。現在，NPO法人「鞆まちづくり工房」などが中心となって新しいまちづくりのあり方が検討されている。

演習問題

〔12.1〕 政令指定市，中核市について調べなさい。

〔12.2〕 自分の住む市町村において，まちづくりに関する条例はあるか。もしあるならば，それはどんな内容か。もし存在しないなら，なぜないのか考えなさい。

〔12.3〕 近所にある「まちづくり協議会」について，どんな活動を，だれがどのような財源で行っているかについて調べなさい。

第 III 部

計画をつくる

13章 計画をつくる

◆本章のテーマ

第Ⅰ部では都市・地域計画をつくるうえでの基礎知識，第Ⅱ部では都市計画に関する法制度の概要を示した。第Ⅲ部では，計画のつくり方そして今後の課題について述べる。

本章では，計画のつくり方およびその一つの方法論として近年注目されているコミュニティデザインについて紹介する。

◆本章の構成（キーワード）

13.1 計画のつくり方
　　　問題の解決，発意，手段，具体化，調査，分析，評価，実施，事後評価
13.2 コミュニティデザイン
　　　コミュニティデザイン，ヒアリング，ワークショップ，チームビルディング，活動支援，プラーヌンクスツェレ

◆本章を学ぶとマスターできる内容

☞ 計画の策定プロセスがどのようなものであるか
☞ コミュニティデザインとはどのようなものであるか

13.1 計画のつくり方

都市計画に限定されるものではないが，計画の策定過程は一般的に以下のようになる。

「発意 → 問題構造化・目的・手段（代替案）の決定 → 調査・分析（モデル化）→ 評価（意志決定）→ 実施・事後評価」

以下，この過程に沿って，各段階における要点について述べる。

13.1.1 発意，問題構造化・目的・手段（代替案）の決定

はじめに各個人によって課題（望ましい状態と現状の乖離）が認識される。課題は顕在化しておらず「恐れがある」という段階であっても認識されうる。

計画策定主体によって「対処すべき」と認識された課題が「問題」であり，計画策定の出発点となる。

当然，問題の解決が計画の目的となるが，以下の点に留意すべきである。

① 具体化：「美しいまちをつくる」，「にぎやかな商店街にする」といった抽象的な目的では，なにをどうすればよいか不明であり，計画の善し悪しも判断できない。目的は「ファサードを統一する」，「空き店舗を活用したテナント構成の拡充を図る」といった，より具体的であることが望ましい。また，数値化することも重要である。ただし，数値化が困難あるいは不可能なものが無視されやすいため，数値化それ自体が自己目的化することは許されない。

② 現実性・実現可能性：利用可能な技術，調達できそうな費用の大きさ，さまざまな政治アクターに対する説得可能性，市民の価値観や世論の趨勢などを考慮する。

③ 空間・時間・多様性：計画の影響はしばしば地域を越える。また，はるか未来の世代や人間以外の動植物にまでその影響が及ぶこともある。身近な自然環境や歴史的建造物などがその姿を大きく変えられることもまれではない。地球環境や生態系が不可逆的な損傷をこうむることさえあ

る．これら重要な影響のすべてを十分に考慮しておくことが必要である．
④ 初期の段階で確定する必要はない：目的と手段は最終段階で同時に確定される．それまでは目的も手段も暫定的なものとなる．目的 → 手段／手段 → 目的：二つのアプローチの繰返しである．

〔1〕 **手段（代替案）の作成**　計画は目的だけでは片手落ちで，その目的をどのように達成するかという手段とセットになってはじめて計画となる．当然，その手段には複数ある（代替案という）．なにもしないというのも一つの代替案である．

その際，計画の利害関係者（ステークホルダー）は誰なのか，また，利害関係者にいかなる影響がいつどの程度生じるのかを検討し，その問題構造を明らかにすることが重要である．また，さまざまな手段を組み合わせた束（パッケージ）とすることで有効性が高まることも多い．例えば，廃棄物・リサイクル対策においては，不法投棄の禁止といった直接規制，処理手数料の徴収といった経済的手法など複数の手段が活用されている．

あわせて目標とする年度，影響の範囲，計画のための時間や予算など，前提条件や制約条件はどこまで変更可能かについても把握しておくことが望ましい．

〔2〕 **評価基準・指標の作成**　おのおのの代替案を採用した場合に予想される帰結の相対的優劣を判断する**評価基準**（evaluation criterion）をあらかじめ設定しておくという作業が選択の前に必要となる．そして，評価基準を定量的に扱えるようにしたものを評価指標という．

評価基準として，費用対効果基準，衡平性基準，実行可能性を含めた不確実性基準などがある．この基準に基づき，最適化原理（最大あるいは最小）により選択する．しかし，代替案の設計あるいは発見が「困難あるいは費用がかかる」，「結果の評価が困難である」，「最適の定義ができない（例：時間によって不確実性が変化する）」場合は，満足化原理（あらかじめ設定しておいた要求水準を満たしているもの）により選択する．倫理（不正でない目的・手段）や重要な影響への配慮も重要である．

13.1.2 調査・分析

問題構造の適切性や代替案を評価するために，材料（データ）を収集する必要がある．さもなければ，計画立案者の単なる思い込みにすぎないかもしれず，また，計画を実施した後の事後評価において地域社会が学習する機会を奪うことになる．調査・分析段階で重要なことは，調査を行う前に「仮説を立てる」ということである．仮説とは，調査から得られる結果を事前に予測し，分析の目的を明らかにするために「○○は△△である」という形式で表現されるものである．この仮説が課題を明らかにしたり，手段を検討したりするときにきわめて重要となる．仮説がないままに調査を実施すると，その調査があってもなくても同じ，調査をやった費用だけむだだという事態になりかねない．

計画の対象となっている問題の構造において

① 本当にそのようなパス（→）が成立しているか

② 成立している場合，その関係はいかなるものか

を明らかにするのが分析の役割である．モデルが用いられる場合も少なくない．

調査・分析においては，現場で考えることがきわめて重要である．そして，その結果には必ず誤差が含まれることを忘れてはならない．

13.1.3 評価・実施

分析から得られた結果を，計画の目標に照らし合わせ，いずれの代替案が望ましいかを評価・選択する．主体別にどのような影響が生じる可能性があるのかを示し，効率性のみならず衡平性も考慮して意志決定を行う．

具体的な手法として，代替案の費用と便益（個人にとっての満足や企業の収入）を比較する費用便益分析がある．

調査データ，モデル，前提条件，そしてそれらから得られた結果のいずれも不確実性を伴うものであり，不確実性の程度を考慮して結果の数値に幅をもたせて評価する必要がある．

考慮外におかれた要因，関係，分析されなかった不確実性への配慮を行い，利害関係者に対し，代替案の評価結果を示し，討議を通じて最終的に意志決定を行うことになる。

13.1.4 事後評価

利害調整を経て実施された計画について，期待した成果が得られているか，計画の見直しの必要性はないか，あるいは計画プロセス（モデル）に問題はないかという観点から，計画の実施状況をモニタリングする必要がある。単に当該事業の効果の確認だけでなく，① より効果的，効率的な事業とするにはなにに対して，どんな工夫が必要か，② 事前評価と比較してなにが，どれだけ，なぜ違ったかを検討する。

こうしてマネジメントサイクルの基本である Plan（計画）・Do（実行）・Check（評価）・Action（改善）（**PDCA サイクル**（PDCA cycle））が完結する。

13.2　コミュニティデザイン

計画は，市民参加を含む利害調整手続を経て実施される。しかし，市民参加が計画策定への参加でとどまっていては，参加は一過性のもの，すなわち「計画をつくるって楽しいね」という単なるお祭り・イベントと同じになってしまう。これでは持続可能性が求められる空間の管理という観点からは不十分である。

市民がこの計画は「自分たちがつくったものだ」という意識を持ってもらうために，近年注目されているのが**コミュニティデザイン**（community design）である。これは，建築物などのハード整備を前提とせず，地域に住む人や地域で活動する人たちが緩やかにつながり，自分たちが抱える課題を乗り越えていくことを手伝うものである。もちろん，結果としてハード整備が含まれる。

ここでは，山崎 亮『コミュニティデザイン』[1] を参考にそのプロセスの概要（基本形としての四つの段階）を紹介する。

13.2 コミュニティデザイン

【第1段階：ヒアリング】

すでに地域で活動している人（自治会，商店街，商工会，企業，NPO，サークルなど）に，「どんな活動をしているか」，「その活動で困っていることはなにか」そして「ほかに興味深い活動をしている人がいたら紹介してくれないか」などについてインタビューを行う。こうして数珠つなぎでたくさんの方と話をして，地域の人脈図を頭に描く。あらかじめ，地域の人口やその推移，高齢化率，歴史や文化，特産品，商業，観光資源などについても把握しておく。相手からさまざまな情報を引き出すためには，自分（コミュニティデザイナー）自身が信頼に足り，話をするだけの価値がある人間であるということが相手に伝わらなければならないが，これには傾聴などの能力に加えて「経験」が必要である。

地域の情報を調べ，人の話を聞き，地域の人間関係を把握し，現地を歩いて，こうしたらよいのではないかという仮説的なプロジェクトを構想し，第2段階のワークショップへの参加を依頼する。ただし，思い浮かんだ仮説的なプロジェクトを積極的に発表してはいけない。なぜなら，外部の専門家がそうしてしまうと，地域の皆さんが「お客さん」化し，「困ったら，あるいはうまくいかなかったら，また外部の専門家に頼ればよい」という心理を地元の人たちに植えつけ，主体性が形成されないからである。

時間や手間がかかるが，地元で生活する人たちが，自分たち自身で発案し，組み立て，自分たちができる範囲でプロジェクトを立ち上げる。そしてそのプロジェクトを磨き上げ，できることを増やしていく。こうしたプロセスがコミュニティデザインである。

【第2段階：ワークショップ】

みんなで問題を共有したり，解決策を検討したりする話し合いの場がワークショップである。

最初に参加者のたがいの自己紹介を行う。「アイスブレイク」と呼ばれるおたがいの意外な面を知り合う場を提供する。また，大きな声の人に圧倒されないで，それぞれの人の意思や考え方が表現され，参加者の意見が一同にして共

有でき，目前にして方向性を探ることができるよう，以下のような話し合いのルールを定めておくことも重要である。

① 自由奔放（奔放な発想を歓迎し，とっぴな意見でもかまわない）
② 批判厳禁（どんな意見が出てきても，それを批判してはいけない）
③ 量を求む（数で勝負する。量の中から質の良いものが生まれる）
④ 便乗発展（出てきたアイディアを結合し，改善して，さらに発展させる）

　ワークショップを運営する人はファシリテーターといわれる。参加者は日ごろからまちの将来について考えているわけではない。まちの良いところや悪いところを出してもらい，それを整理しながら，対話を促進する。つぎに，悪いところを改善し，良い点を伸ばすためになにができるかについてアイディアを出してもらう。出されたアイディアを組み合わせて新しいアイディアを考えてもらう。議論が行き詰まった際には，アイディアを整理したり，異なる観点に立ってみるように働きかけたり，新しい方法を提案したりする。

　「これが，私が言いたかったことだ！」とみんなが思うアイディアがたくさん出てくることが大事である。ファシリテーターには，多くの事例を知っていること，多くの意見を整理しながら把握できること，そしてタイミングを見逃さずにプロジェクトを提案できることが求められる。

　ワークショップにおいて用いられる手法として**表13.1**のようなものがある。何度かのワークショップを通じて，プロジェクトの骨子を明確にし，それぞれすぐにできそうなこと，数年かけてもやるべきこと，将来的に取り組んでみたいことなど時系列的に整理する。

【第3段階：チームビルディング】

　アイディアが出そろった段階で，「だれがプロジェクトを担当するのか」を決める。自分たちで進めていくという気運を高め，具体的になにから始めるのかを話し合ってもらうために，チームを構成する。

　基本的には参加者自身が取り組んでみたいというプロジェクトを選んでもらうのが良いが，チーム内のバランスが図られるよう組換えを行っていくことも必要である。劇に「主役」，「脇役」，「汚れ役」などがあるように，あるいは個

13.2 コミュニティデザイン

表 13.1 ワークショップにおいて用いられる手法例

名　称	概　要
ブレーンストーミング	課題の設定：取り組むべき課題を設定する。 役割の決定：リーダーと記録係を決定する。 発散思考：リーダーの指示に従い，つぎつぎに自由奔放にアイディア，意見を出し合う。 収束思考：記録をもとに分類，補足する。 発散と収束の繰返し。 評価：実現可能性や重要性，効果性などの観点から出されたアイディアを評価する。 具現化：評価後のアイディアの具現化策を考える。
KJ法	① カードに意見を記入する 　ブレーンストーミングで出された（もしくは個人で考えた）意見をカードに記入する。カード記入に指してはつぎの点に注意する。 　・1枚のカードには一つの意見を記入する 　・できるだけ具体性のあるわかりやすい書き方をする 　・文章はできるだけ簡潔にする 　・カードの枚数には制限を設けない 　・思いつく内容がなくなるまで粘って記録する ② カードのグループ分け 　(ア) カードをグループごとにまとめる 　　　カード群を眺め，内容が似ていると感じられるもの同士を集めてグループ化する。自分勝手にストーリーを作ったり，先入観や既成概念に従ってグループ化を進めることは避けなければならない。1グループは5枚以内程度とする。 　　　・カードに使われている単語で分類しない 　　　・グループ化できないカードは無理にグループ化しない 　(イ) グループのタイトルをつける。 　　　各グループの内容を表現するタイトルをつける。 　　　・グループ内のカードをもう一度読みなおし，このグループに入れておくのが適切かを再度確かめる 　　　・極力，誰にでもわかるような簡潔な表現にする 　(ウ) グループ化とタイトルをつける作業を繰り返す。 　　　グループ化したもの同士，あるいはまだグループ化されていないカード間でさらにグループ化を進め，新たにグループ化したものにタイトルをつける。 ③ 配置図の作成：図としてまとめる。
ワールドカフェ	① イントロダクション 　・4～5人でグループを作り，テーブルに座る 　・テーブルの上にはテーブルクロスに見立てた模造紙と各自1本ずつのペンを準備する ② カフェトーク・ラウンド 　・1ラウンドおおよそ20分で，トピックにそってカフェ的にリラックスした会話を楽しむ 　・会話しながら，出たアイディアや言葉をそれぞれが自由に模造紙に書く 　・1ラウンドが終わるころにテーブルに残る人（ホスト）を決め，その場に残し，それ以外の参加者は別のテーブルへ移動 　・残ったホストが自分のテーブルで話された内容を新しいメンバーに説明，さらに会話を深める 　・ラウンドを2～3ラウンド繰り返す ③ 最終ラウンド 　・最終ラウンドで，全員が最初のテーブルへ戻る 　・別のテーブルで得られた気づきや理解を交換し，さらに全体でもシェアをする
マインドマップ	頭の中で起こっている感想や思いを絵図にして目に見える方法にする方法
シナリオプランニング	① 目的（取り上げるべき問題，意思決定すべき対象など）や展望期間を決定する。 ② 自社ビジネスに影響を与えうる情報を幅広く収集し，環境変化要因（シナリオドライバー）をリストアップする。特に重要性と不確実性が高く，経営に大きな影響を及ぼす環境変化要因（ドライビングフォース）を選び出す。異なるシナリオの分岐の軸となるもので，この選定がきわめて重要。 ③ シナリオ作成を作成する。シナリオは，ドライビングフォースの組合せの数だけ作られる。
バックキャスティング	過去の傾向を延長した未来（フォアキャスティング）ではなく，まず創りたい未来を目標として描く。その目標から現在を振り返って創りたい未来への道筋や，いま取り組むべき課題などを考える。
プロトタイピング	試案について話し合いをしながら，練り上げていく方法

注：それぞれ専門書もつくられている。

性に「理系」,「文系」,「体育会系」があるように,メンバーの性格や特徴を踏まえて,リーダーやサブリーダーを固めていく。その場にいない人の力が必要になるときもある。専門家の方,役所のOBの方,あるいは建設業で重機を提供できる方も適切かもしれない。その場合は,適切な方をメンバーに加わってもらえるよう,活動の趣旨を説明してお誘いする。

実施段階で生じるさまざまな障害を乗り越えていける結束力の強いチームづくりが求められる。

【第4段階:活動支援】

最終段階は,できあがったチームを支援することである。活動のための準備や役割分担についての相談,手助け,場合によっては行政などから経済的支援を受けられるような体制づくりや,まちづくり基金の設立などもある。必要に応じて,専門家を呼んだり,活動のために必要なスキルを学んだりするための機会を提供することもある。

こうしたサポートは初動期において重要であるが,その後は徐々に減らし,最後は自分たちだけで活動できるようにする。

参加者数が減る,内輪もめが起きるなどして,チームの活動が停滞することもしばしばである。しかし,ここに安易に介入しないほうがよい。参加人数が減っても参加していた人,モチベーションを回復させるために工夫した人はだれだったかなどの相互理解を通じて,チームの力が強固になる。

以上の4段階は,あくまでも基本形であり,対象となる問題や市民に応じて,柔軟に変更することが必要である。各段階において,参加者から多くの意見・アイディアを引き出す「拡大」のフェーズと,それらを整理・選択する「縮小」のフェーズがある。

プレイスメイキング(place making):あらゆる住環境において居心地の良い心的価値をつくり,生活の質を高める場所づくりのこと。

参照:UR都市機構ウェブサイト,「2.2 プレイスメイキング実践編」
https://www.ur-net.go.jp/aboutus/action/placemaking/lrmhph0000009251-att/PLACEMAKING_HONSATSU_20191115_2.2.pdf(2021年7月現在)

> **コラム**
>
> **プラーヌンクスツェレ（計画する細胞）**
>
> **プラーヌンクスツェレ**（Planungszelle, **計画する細胞**）は，ペーター・C・ディーネル（Peter C. Dienel, ドイツのヴパタール大学名誉教授）により1970年代に考案された市民参加の手法である。
>
> ① 委託を受けた中立的実施機関が参加者の検討すべき課題と4日間のプログラムを決定。
> ② 住民台帳から無作為に抽出された人びとから参加者を募る。通常25人。参加は有償。
> ③ プログラムの実施：2人の進行役がつく。1コマ90分の作業時間の間，参加者はさまざまな関係者から情報を得て，その後，5人の小グループで討議し，特定課題に対する意見を形成する。小グループでの討論に進行役はまったくかかわらない。あくまでも市民だけの討議による合意形成を図る。
> ④ こうした作業を1日4コマ，4日間合計16コマ行い，具体的提言をまとめていく。
> ⑤ 最終的に「市民答申」をまとめる。マスコミにも発表され，委託者である行政機関などに提出される。
>
> 日本プラーヌンクスツェレ研究会ウェブサイト，地域社会研究 第11号（2005）
> http://www.shinoto.de/pz-japan/downloads/dlList2005/files/2005_10_20_ChShKenkyuu.PDF （2014年2月現在）

演習問題

〔13.1〕 地域の統計データにはどんなものがあるかを調べなさい。
〔13.2〕 GIS（地理情報システム）は都市地域計画においてどのように利用されているか調べなさい。
〔13.3〕 アイスブレイクの方法としてどんなものがあるかを調べなさい。
〔13.4〕 近所で行われるワークショップに参加してみよう。

14章 都市空間をマネジメントする

◆本章のテーマ

　1章において，空間のマネジメントに必要な力として，① 空間を読む力，② 制度を活用する力，そして ③ 主体性を育む力を例にあげた。また，① の基礎として，第Ⅰ部で都市がどう動いているか，さらに ② の基礎として，第Ⅱ部において都市計画の制度がどうなっているかを紹介してきた。
　この最終章では，残された論点である「主体性を育む」ということについて述べる。

- 人と人，人と自然，人工物の「間」に心は存在する。人間の心が美しくなるとき，都市も美しくなる。
- なにかに労力をつぎこむとき，変化するのは労力をかける対象だけではない。私たちも変わり，私たちがその対象に与える評価も変わる。
- 労力をかければかけるほど，愛着も大きくなる。ただし，自分でつくったものを過大評価する傾向にある。多大な労力をつぎ込んだのに完成させられなかったものには，あまり愛着を感じない。

◆本章の構成（キーワード）

14.1　主体性を育む必要性
　　　　社会関係資本
14.2　主体性を育む
　　　　コミュニティビジネス，まちづくり会社，協働，コラボレーション
14.3　これからの都市のマネジメント
　　　　防災，防犯，福祉，健康，地域循環圏，地元学，まちづくり

◆本章を学ぶとマスターできる内容

- ☞　主体性を育むとはどういうことかが理解できる。
- ☞　専門家の役割としてどのようなものがあるかがわかる。
- ☞　残される課題としてどのようなものがあるかがわかる。

14.1 主体性を育む必要性

14.1.1 豊かさの転換

現在，私たちが大切にしたいと考えていることには，環境，治安，美しさ，文化や歴史，そして地域社会における人びとの信頼関係や連帯感があげられよう。

特に，**社会関係資本**（social capital）と呼ばれる人びとの信頼関係や連帯感は，都市部においては無関心層の増大，また農村部においては人口減少から急速に失われてきている。このことが自然環境や生活環境を脅かし，「生活の質」の低下を生み出す一つの大きな要因になっているのではないだろうか。

都市づくりにおいて，社会資本や私的資本といった目に見える物的な資本のみならず，制度・組織さらに信頼・連帯といった目に見えない社会関係資本をつくっていくことが求められている。

14.1.2 行政・企業の限界

現在の都市計画法は，道路や下水道といった社会資本をつくる，あるいはそうした社会資本に支えられている敷地や建物などの私的資本を規制することを規定した法律であり，すでに存在している社会資本，またその上で行われるさまざまな活動，そして社会関係資本については対象外となっている。

また，信頼や連帯がおおいにかかわる，防犯・防災・福祉・商店街や自治会といった分野については所管する省庁も異なる。都市計画法は国土交通省の所管であるが，例えば，防犯は警察，防災は消防，福祉は厚生労働省，商店街は経済産業省，自治会は総務省，そして環境は環境省などとなっている。いわゆる縦割りという問題である。

行政の活動は，衡平性が強く求められ，地域が有する文化や歴史などを踏まえて地域ごとに異なる対応をすることは難しい。また，公的負債が国・地方公共団体合わせて約900兆円もある行政には，新規に投資するゆとりがなくなってきている。

一方，企業にとっても，従業員間のみならず，従業員と地域との社会関係資本も重要である．交流を通じて新しいアイディアが生まれ，それに具体的な形が与えられ，そして洗練されていく．現在，世界的に注目されているのは，こうした地域において企業間で切磋琢磨したり，相互に学習したりするという関係性が，競争優位をつくり出すうえで，きわめて重要であるという仮説である．

しかし，企業ではどうしても効率性が重視されること，そして規模の経済などにより企業規模が大きくなると地域外に資金が流出したり，地域とは無関係に意思決定がなされたりするようになる．当然，利潤が見込めないのであれば，撤退もする．企業にまかせておけば，社会関係資本が蓄積していくというわけではない．

14.1.3 市民の主体性を育むことのむずかしさ

行政でも企業でも解決できない地域の問題をどうするか．当たり前だが，市民自らが取り組むしかない．また，市民自らが取り組むことこそ，社会関係資本を育むことにつながる．

しかしながら，市民が主体的に取り組むには乗り越えなければならない障壁がいくつもある．おもな障壁を以下に示す．

① 経済状況，家庭事情：金銭や家庭の事情で，生活に困っているとき，また，なに一つ不自由なく自由に時間やお金が使えるとき，まちへの関心はもてない．前者はゆとりがないため，後者は問題があるならば引越をするからである．

② 負担は理解できる一方で，なにをどうしていいのかまったくわからない（情報がない）．

③ 地域の問題の解決には，異なる考え方をもつ他者と交わり，利害の調整を行うことが必要であるが，そうした違いを認め，また利害の調整過程をおもしろいと感じられるか．

13章で紹介したコミュニティデザインを含め，これらの壁を乗り越える努力が全国で始まっている。

14.2 主体性を育む

14.2.1 コミュニティビジネス

コミュニティビジネス（community business）とは，地域にある問題を解決しようという個人やグループの自発的な活動からはじまり，地域資源（労働力，原材料，ノウハウ，知識など）の活用によってビジネスとして成立するものである。**表 14.1**にコミュニティビジネスの特徴と効果を示し，**表 14.2**にその具体例を示す。

【まちづくり会社】

まちの活性化を担い，時間のかかる収益性の低い事業でも前向きに取り組むという公共公益的なミッションをもつのが，まちづくり会社である。不動産の「所有と経営の分離」を進め，民間主導型再開発事業を実現した高松市丸亀町の「高松丸亀町まちづくり株式会社」が有名である。その背景には，丸亀町商店街振興組合が駐車場経営などの収益事業をもっていることなどの強い経営基盤（安定収入）が不可欠である。

参照：11.3.2項コラム「香川県高松市丸亀町」。

表 14.1 コミュニティビジネスの特徴と効果

特徴	・住民主体の地域密着型 ・必ずしも利益追求を第1としない。適正規模，適正利益 ・営利企業とボランティア活動の中間領域 ・グローバルな視野をもちつつローカルで活動する（開放的）
効果	・人間性の回復（働き手の生きがいや自己実現） ・地域コミュニティ内の問題の解決 ・新たな経済的基盤の確立と雇用の創出 ・生活文化の継承・創造

表14.2 コミュニティビジネスの具体例

大里綜合管理株式会社 （千葉県大網白里町）	「ビジネスは手段であって目的ではない。かかわる人をいかに幸せにするか」であるとし，数値目標を設定し，PDCAサイクルを回しながら運営をしている。100を超える地域貢献活動を行っている。うち40は住民が主体となり運営している。 http://www.ohsato.co.jp/region （2014年2月現在）
黒壁（滋賀県長浜市）	・ガラスの製造販売 　北国街道沿いに伝統的な町屋が立ち並ぶ景観の魅力と，それらの外観をうまく保存しながら内部を改装し，おしゃれなガラス製品の製造・販売やレストランなどに転用した店舗を展開。当初，既存商店街とは一切連携せず，少数精鋭主義で迅速に事業展開を行い，その後，「黒壁グループ協議会」の設立，秀吉博を契機とした既存商店街・市民とのネットワークが構築されていった。
染谷商店グループ （墨田区八広）	廃油から軽油を取り出すサービス。また，古本を活用した図書館，さらにそこから展開したカフェバーやインターネットプロバイダのサービスなどを作り出してきた。近年では，e-すみだ電子商店街を立ち上げ，貸し自転車，共同配送（自転車），なんでも屋，介護サービス等にも取り組んでいる。
東向島	空地空家の活用方法として若手の芸術家を招いてイベントを行った。さらにインターネット茶屋，空家銀行（バンク），アウトレットショップ（工場）等を行ってきた。工場廃屋アートは，若者を引きつけ，引っ越してくる人まで登場した。古い建物を再評価するきっかけにもなった。

14.2.2 協働：コラボレーション

しかし，そもそも公的な空間はビジネスにはなじみにくい。この場合，行政が「地域に決定権を与え，構造変化に対して住民が自発的かつ柔軟に対応できる仕組みを工夫し，そこからボトムアップ型に機能するシステムを構築」することが求められる。その例として，ドイツの地域協議会（Beirat，地域事務所及び地域評議会に関する地域法（Ortsgesets uber Beirate und Ortsamter））がある。**表14.3**にその特徴を示す。

地域協議会を充実させることは，市町村議会の役割の再検討も必要となる。地域内の問題は地域協議会が，地域を超え，他の市区町村との関係が問題となる場合は，市町村議会が担うことになると考えられるが，その場合でも議員定数や運営方法などについての検討が必要である。

表14.3 地域協議会の特徴

協議会メンバー	（議員同様）投票により選出される。1回2000円程度の報酬。人口数百〜4万人に1人程度の比率で人数が決まる。「地域全体の利益を代表する＝政治」的立場になる。政党色が強いといえる。
決議事項	土地利用計画，地区詳細計画，景観プログラムの策定，変更，廃止／再開発区域及び調査区域の指定（早期の住民参加の窓口）／建築許可／公的施設の計画・設立・引受・重要な改変・廃止・用途変更／社会政策的・文化政策的・教育政策的・環境政策的措置／公有地及び公共建築物の賃貸，売却，買取／道路・通路・広場・緑地及び公園の建設・改築及び改名／土壌改良及び土地排水の措置／地域の団体・施設への公的援助金の支出／行政区の変更
決議の進め方	各官庁の事業意図が議題となり，役人が来て説明，意見表明，協議，決議。この決議は「最終的な決定」ではない（官庁は必ずしも従わない）。意志決定をする機関であって，意志決定を執行する機関ではない。
決定事項	地域協議会区域のために予定された財源（2万〜16万ドイツマルク*）の使途を決定できる。 ・区域内の交通を誘導し，制限し，抑制する措置 ・交通規制権　ZONE30 ・地域における共同の催しを組織し実施すること ・地域間交流関係を結び，涵養すること ・社会政策的，文化政策的，環境政策的事業を計画し，実施すること

＊　ドイツマルク：ユーロ導入前（2001年まで）のドイツ通貨

14.3　これからの都市のマネジメント

これからの都市を考えるうえでの前提としてつぎのようなことがあげられる。

- 少なくとも今世紀中の一定の気温上昇と異常気象の多発が避けられない。
- 気候変動の緩和策に加え，気候変動への適応策と，新たな国土政策，社会システムの構築との関係性を深める一体的な計画づくりが重要になる。
- 日本は人口減少と高齢化が進む。
- 都市の縮退，過疎化・高齢化の進む日本の農山漁村の活性化と持続性を視野に入れた国土・都市計画が不可欠。

14.3.1　分野を超える：空間とセットで考える

現在，防災，防犯，福祉，健康，景観，交通等，さまざまなまちづくりが展開されている。**表 14.4** に防災，防犯，福祉についてまとめる。同時に，自治体が管理する学校，公民館，図書館，道路や下水道，そしてごみ焼却場や汚水処理施設などの老朽化も進展している。これらはすべて都市・地域計画とも関連するが，自治体レベルでみると担当する部局はそれぞれ異なる。住民が相談に行っても窓口でたらい回しにされることも多い。また，住民にとっても，いつ起こるかわからない災害に対して「まちづくり」をしましょうといわれても，現状維持で良いと考える人が圧倒的に多い。その間に高齢化（福祉）・近代産業（商店街）の衰退が進む。結果として，住環境の改善・保全は進まない。

表 14.4　防災・防犯・福祉のまちづくり

項目（おもな所管官庁）	取組
防災（消防）	・安全点検，マップづくり，災害危険度判定 ・災害時シミュレーション ・住宅の耐震性の向上 ・個別・協調建替え：優良建築物等整備事業 ・ルールづくり（地区計画）
防犯（警察）	・マップづくり（警察，自治体） ・町内会活動，ガーディアンエンジェル，防犯カメラ ・防犯環境設計　割れ窓理論 safer places：動線 (access and movement)，監視性 (surveillance)，所有意識 (ownership)，物理的防御 (physical protection)，活動 (activity)，維持管理 (management & maintenance)，構成 (structure)
福祉（厚生労働）	・ユニバーサルデザイン ・ヘルシーロード（東京都初台など）

公共施設については，神奈川県秦野市などで施設再配置が進められているが，単独目的だけでは人はなかなか動かない。したがって，全部をセットで考える「エリアマネジメント」が求められている。

それらをつなぐ一つのキーワードが「健康」である。健康増進を従来のように保健・医療分野だけで推進するのではなく，環境・まちづくり・福祉・教

育・地域社会・文化・スポーツなど，幅広い分野の参加と連携を通じて，都市全体で実現していくという WHO（世界保健機関）が提唱している健康都市の理念に基づいて，健康都市施策を推進し，市民の健康で豊かな暮らしづくりを推進するものである。**表 14.5** に千葉県流山市の例をあげる。

表 14.5 流山市の健康都市まちづくりの項目

・心と体を健やかに育む（保健・医療分野）
・緑の保全と安心・安全（環境・都市基盤・安心・安全分野）
・子育て環境先進都市，元気な高齢者先進都市をめざす（福祉・教育分野）
・地域の豊かな生活と生涯スポーツの活性化をめざす（地域社会・文化・スポーツ分野）
・健全・健康な食生活を進める（食育・地産地消分野）

14.3.2　都市の範囲を捉えなおす：里地里山，農エネルギー

　人口減少時代には，緑や自然の減少に歯止めがかかる。それを地域の活力や豊かな生活の基盤に活用する方策が求められている。また，脆弱な空間は積極的に生態系ネットワークに組み込むといった積極的な再自然化が求められる。

　物質のみならず，生物・人間が加わってすべてつながりながら「揺れ幅をもったバランスの中で安定」しているのが生態系である。健全な生態系には，健全な攪乱と物質の流入が必要である。中世以降，人は堤防を築き，川の流路を固定してきた。また，水をせき止めダムをつくった。こうした人間の活動は人為攪乱といわれる。

　また，もともと人間は木材，農作物，魚介といった一次生産物を収穫するために開発また維持管理活動を行ってきた。その後，安い木材，安いエネルギー資源，安い食料の調達ができるようになり，バランスが崩れ，現在に至っている。

　エネルギー・資源・食料を中心とする「地域循環圏」の再構築が求められる。地域循環圏は，流域循環・共生圏は計画の基礎単位であり，都市と農村の融合を図る計画の単位になりうる。上流域から下流域までの資源・エネルギーの循環圏としても注目すべきである。あわせて気候変動への適応策も求められる。これらのように，環境負荷の少ない国土・地域構造に向けた具体例を**表 14.6** に示す。

14. 都市空間をマネジメントする

表14.6 環境負荷の少ない国土・地域構造に向けた具体例[1]

人口密度	・一般的に人口密度が高まると，輸送エネルギーの効率は良くなる可能性がある。 ・高密度化によって，公共交通機関の整備を容易にし，歩行や自転車の利用を促進させ，コージェネ・システムの導入を可能にする。 ・都市の中心への過度の集中が交通を増加させる可能性がある。 ・人口の密集が都市の中心にくれば全体的に交通量を増加させる可能性がある。 ・都心部での人口密度が高いほど一人当り輸送エネルギー消費を増加させる可能性がある。
人口配置	・通勤距離を決定する大きな要因であり，輸送エネルギー消費に影響を与える。 ・都心に住宅が多ければ総交通量が減少し，住宅が密集することによって一世帯当りの交通発生回数が減少する可能性がある。 ・鉄道等の公共交通機関の沿線に住宅を配置すれば，公共交通機関は採算がとりやすくなり，公共交通機関が整備されると輸送エネルギーの効率改善が期待できる。
土地利用の混在化	・土地利用の混在化は輸送エネルギー消費を減少させる可能性がある。 ・住宅地とオフィスの混在により通勤距離が短くなり，住宅地と商業地の混在により買物トリップ距離の減少につながる。 ・商業機会と雇用を混在させることによっても交通量は減少する可能性がある。
公共交通機関	・公共交通機関はエネルギー効率の観点から望ましい交通手段である。 ・経済的にもエネルギー効率的にも，ある程度の人口規模と密度が条件となる。 ・公共交通機関が整備されれば，その基盤である高密度の都市づくりが促進される傾向がある。
道路基盤施設	・高速道路などの道路施設を整備して，交通渋滞を解消すれば全体のエネルギー効率が高まる可能性がある。 ・道路ネットワークの整備によって新たな自動車交通を誘発し，都市全体のエネルギー効率を下げてしまう可能性もある。
都市規模	・都市規模別で交通発生が異なるという報告がある。それによると，一世帯当りの交通発生率，移動距離とも，人口0.5～2.5万人の都市で最大となり，0.5万人以下あるいは100万人以上の都市で最小となる。
都市形状	・円形度の高い都市において輸送エネルギーの効率が高いという報告がある。
都市配置	・最も人口規模の大きな都市が複数の都市圏の中心にあると総交通量が最大となり，中心から最も遠いところにあると総交通量は最小になるという報告がある。
住民の特性	・住民の年齢が若ければ，自動車の利用を好む傾向が見られる。所得の増加も，自動車の所有と利用を促進し，輸送エネルギーを増加させる。(都市の若者の車離れも進んでいる) ・古い住宅や賃貸住宅が多くなると，通勤エネルギーは少ない傾向があることが報告されている。

環境資源を地域の経済や生活の基盤とする方策の検討が求められており，そのための手法として，地元に学ぶ**地元学**（community creation via area based knowledge）が全国各地で取り組まれている。

14.3.3 まちづくりにとりくもう

不動産開発と異なり，まちづくりにおいて主体性を育むのは容易ではない（**表14.7**）。最初に取り組むのは行政でも住民グループでも良い。気がついた人が動くことが重要である。同じ思いをもつ仲間と

① 問題と地域資源を共有する：構造を理解する，自然歴史文化を知る。
　＊外部の視点が重要である。

② 時間を区切って目標を考える：持続可能な地域（経済・環境・社会）
　＊行政は制度，市民は知識の制約があることを理解する。

③ 生かすためにつくる：ソフト（組織・権限・財源）とハード（施設）（手段）　＊リスクを認識し，分担する。エンパワーメントする。

ことが求められる。さらに

④ つくるしくみを変える

ことも可能である。

その課題を以下に例示する。

- 意志決定権限の分散：公共公益施設であるが，その影響範囲は狭い地域性の高いもの（例えば，支線的な道路や児童公園など）についてはその決定権限自体を行政から地区住民からなる組織（まちづくり協議会など）に委ねる。

- 議論を活発化させるための情報公開制度，専門家による支援制度およびファシリテーター制度などの導入：ただ参加の機会が与えられても仕方がない。まずは計画者と市民が同じだけの情報を共有するための仕組みとして情報公開が必要である。そしてその専門的情報をわかりやすく解説し，また市民の意見・アイディアを専門的見地から提案にまで高めることができるよう市民を支援する制度，そして市民提案制度を含め，計画者と市民

が対等な立場で，建設的な議論ができるようにするためのファシリテーションなどの仕組みが必要である．共感・寛容といった心理・倫理の側面も含まれることになる．

表14.7　不動産開発とまちづくりの違い

	不動産開発	まちづくり：空間のマネジメント
対　象	個々の敷地と建築物	地域（個々の敷地と建築物の集合体および公共空間） ※境界はあいまい．地域が変化すると外側の地域も変化し，外側の地域が変わると，地域や境界も変化．
主　体	土地・建物所有者	地域コミュニティ＋行政 ※コミュニティには自然（の代理人）も含む．まちづくり協議会やNPOという組織形態．行政との協働．
目　的	利潤（効用）最大化（効率）	社会的厚生最大化（効率＋衡平＋安定） ※地域における良好な環境や地域の価値を維持向上させること．コミュニティにおける社会関係資本（人的資本や信頼）の形成を含む．
制約，前提：基本的考え方	周囲の土地・建物・公共空間（物的環境）を固定して捉える．ただし，利潤を最大にするため周辺に働きかけることもある．	周囲の土地・建物・公共空間（物的環境）はつねに変化していくものとして捉える．個々の土地・建物所有者が利潤最大化行動をすることを前提に社会的厚生を最大化する（2段階構造）．
時間的視野	短期（数年〜数十年）	長期（過去〜現在〜50年後）
制御変数（解く問題）	敷地・建物の規模，意匠 地代・賃料	・総合的なビジョン ・私的および公的空間を，周辺の私的・公的空間とあわせて整備，運営（役割分担），土地利用のルールの形成，制度提案 ・ハード（社会資本）だけではなく，ソフト（福祉，芸術・文化，イベントなど）事業
必要となる知識や価値	市場経済	左記＋寛容と学習 ※目的自体も変化する．さまざまな利害対立がつねに発生．専門家を第三者とするなど調整が不可欠．
課　題	個々人の利潤（効用）最大化が地域社会全体の満足最大化とは一致しない（外部性）	費用負担 ※寛容と学習を伴うプロセスは時間とお金を要する．この費用を行政は通常負担しようとはしない．

- 財源や予算に関してもある程度の自由度を与える（地区内の負担金制度，あるいは地区から得られた都市計画税や固定資産税収の一部をその地区に還元，規制に経済的メカニズム（課税や補助金）を連動させることなど。ドイツでは，電力等の地域エネルギー事業により一定の収益を確保し，その収益を活用して必要なサービスを提供し，地域課題の解決に貢献するシュタットベルケ（Stadtwerke）と呼ばれる公共事業体がある）。
- 評価方法の開発：「費用便益分析」は主として経済学の観点から「環境アセスメント」は，おもに自然環境の観点から，規制や事業の影響をあらかじめ評価することを目的としている。ほかにも製品やサービスの製造，輸送，販売，使用，廃棄，再利用までの各段階における環境負荷を明らかにする「ライフサイクルアセスメント」や，食品摂取や事業による人体・健康への影響を評価する「健康影響評価」がある。歴史文化も含めたこれらを統合した評価方法を検討していく必要がある。

コラム

特定地域の新しい公共的課題を調整するための組織

　東日本大震災からの復興事業などは，大規模なインフラの再整備，地域の公共的な施設の復旧，コミュニティの再生，住宅・生活基盤の再建と異なるレベルの問題を同時に解決することが迫られる。また，その利害関係者も全市民，地域コミュニティ，被災者（さらにこれも，住宅，生産施設，非浸水地での土地所有また職業も農業，漁業，サラリーマンほか）など多様である。

　特に，1章で示した高田松原海岸など，これらの問題が複雑に絡む，水際線・防潮堤と周辺空間の再整備については，従来の公共施設工事の関係者説明会などでは十分な理解が得られず，市民の中に多くの不安・不満が鬱積することが危惧される。

　このような，さまざまな制度，事業そして多様な主体間の利害を調整するためには，従来の市民の意見などを間接的に反映させる委員会方式は適切ではない。特定の場所ごとに行政・議会・関係市民（環境保全，歴史文化活動，日常的に利用してきた方がたなど）・学識経験者が直接，対等の立場で，かつたがいに学び合う姿勢で意見交換し，整備の方向を探るという「新しい公共性を探る場」の形成が不可欠と考えられる。

この場の運営は，原則として上記の四つのセクターから選出された運営委員から構成される運営委員会の協議によることが望ましい（**図1**）。事務局が取りまとめ，問題整理，参加者への広報を行い，運営委員会でテーマ設定を行いながら，整備の方向を決めていく（**図2**）。オープンな場とすることが重要であり，会の運営のための財源確保が課題である。財源をすべて行政に依存すると，運営委員会は行政の下請機関と市民から認識される可能性が生じることに留意する必要がある。

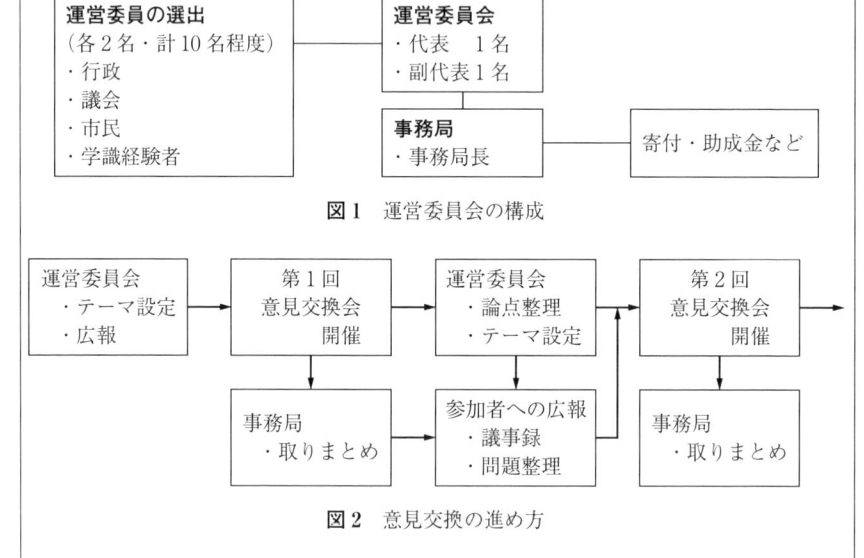

図1 運営委員会の構成

図2 意見交換の進め方

　残念ながら，陸前高田ではこうした組織の提案も採用されることはなかった。都市や地域を動かすためには，土木・環境に関する知識や技術のみならず，制度（財源含む）や組織（連絡調整および意思決定）など総合的に検討する必要がある。地元住民間，住民と行政そして外部専門家との価値観（「誇り」）の共有を通した信頼関係が基盤となるが，大災害は物的な資源・財産を失うだけではなく，地域が共有する価値や信頼といった目にみえない資源・財産も影響を受ける。地域の自然歴史文化に学び，「誇り」を持ち続けられる地域は災害にも強い地域であると筆者は考えている。

演習問題

[14.1] 自分の住んでいる市区町村の公共施設の維持管理費について調べなさい。

[14.2] 図 14.1 を参考に家庭からの CO_2 排出量の削減について考えなさい。

（1） 都市と地方の家庭では CO_2 排出量にどのような違いがあるか。
（2） 環境負荷を削減する手段をたくさん考えなさい。
（3） 都市・地域計画になにができるか考えなさい。

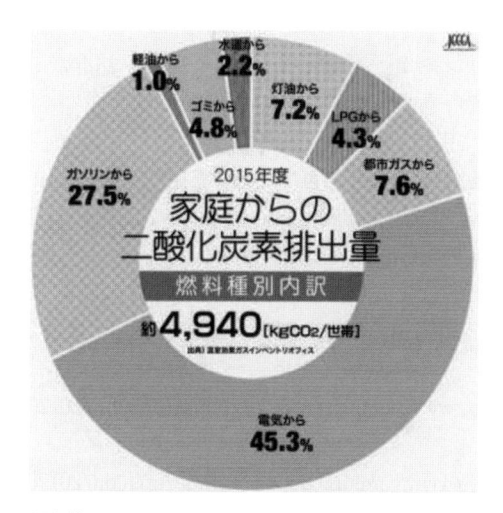

温室効果ガスインベントリオフィスのデータより作成
出典：http://www.jccca.org/chart/chart04_06.html
　　（2018 年 3 月現在）

図 14.1　家庭からの二酸化炭素排出量（2015 年度）

[14.3] 「リバースモーゲージ」とはなにか調べなさい。

[14.4] 地元学とはなにか。学生はどんな貢献ができるかを考えなさい。

引用・参考文献

1章

1) 香川壽夫：都市デザイン論，放送大学教育振興会（2006）
2) 朝日新聞：2011 年 8 月 4 日朝刊，オピニオン欄
3) 中村剛治郎：地域政治経済学，有斐閣（2004）
4) 金本良嗣，徳岡一幸：日本の都市圏設定基準，応用地域学研究，**7**，pp. 1 〜 15（2002）
5) ケヴィン・リンチ 著，丹下健三，富田玲子 訳：都市のイメージ 新装版，岩波書店（2007）

○1 章全体を通して引用・参考した文献

6) 谷下雅義：陸前高田 まちの再生とその支援（2011），CHUO Online；
http://www.yomiuri.co.jp/adv/chuo/opinion/20110719.htm（2014 年 2 月現在）
7) 谷下雅義：陸前高田─震災復興からふるさと再生へ，中央評論，**278**，pp. 61 〜 68（2011）
8) 谷下雅義：陸前高田ふるさと再生の支援：千年を見据えて（2012），CHUO Online；
前編：http://www.yomiuri.co.jp/adv/chuo/opinion/20120416.htm（2014 年 2 月現在）
後編：http://www.yomiuri.co.jp/adv/chuo/opinion/20120423.htm（2014 年 2 月現在）

2章

1) B. メイスン 著，松井義人，一国雅巳 訳：一般地球化学，岩波書店（1970）
2) 倉阪秀史：第 2 章 エコロジカル経済学の背景と意義；横山 彰，財務省財務総合政策研究所 編：温暖化対策と経済成長の制度設計，pp. 43 〜 71，勁草書房（2008）
3) 北野 康：水の科学 第 3 版，NHK 出版（2009）
4) B. J. Skinner：Earth Resources，Prentice-Hall（1986）
5) 江崎保男：自然を捉えなおす──競争とつながりの生態学──，中央公論新社（2012）
6) 網野善彦 文，司 修 絵：河原にできた中世の町──へんれきする人びとの

集まるところ——，岩波書店（1988）
7) 網野善彦：無縁・公界・楽——日本中世の自由と平和——，平凡社（1978）
8) 田中俊逸，竹内浩士：地球の大気と環境，pp. 16 ～ 17，三共出版（1997）
○2 章全体を通して引用・参考した文献
9) 網野善彦：朝日百科日本の歴史別冊 平安京と水辺の都市，そして安土 都市の原点（歴史を読みなおす6），朝日新聞社（1993）
10) 都市環境学教材編集委員会 編：都市環境学，森北出版（2003）
11) J. Maynard Smith：Evolution and the Theory of Games, Cambridge University Press（1982）；J・メイナード・スミス 著，寺本 英，梯 正之訳：進化とゲーム理論——闘争の論理——，産業図書（1985）
12) 浅枝 隆：図説 生態系の環境，朝倉書店（2011）

3章

1) 三村浩史：第二版 地域共生の都市計画，学芸出版社（2005）
○3 章全体を通して引用・参考した文献
2) 山崎広明 編：もういちど読む山川政治経済，山川出版社（2010）
3) Honkawa Data Tribune ウェブサイト，社会実情データ図録，生活時間配分の変化；http://www2.ttcn.ne.jp/~honkawa/2320.html（2014 年 2 月現在）

4章

1) 石倉智樹，横松宗太：公共事業評価のための経済学（土木・環境系コアテキストシリーズ E-7），コロナ社（2013）
2) 安田喜憲：気候と文明の盛衰，朝倉書店（1990）
○4 章全体を通して引用・参考した文献
3) 山崎広明 編：もういちど読む山川政治経済，山川出版社（2010）
4) 細田衛士：環境と経済の文明史，NTT 出版（2010）

5章

1) 北原糸子，松浦律子，木村玲欧 編：日本歴史災害事典，吉川弘文館（2012）
2) 日外アソシエーツ 編：世界災害史事典，日外アソシエーツ（2009）
3) 牛山素行：防災に役立つ地域の調べ方講座，古今書院（2012）

6章

1) P.Calthorpe：The Next American Metropolis，Princeton Architecture Press（1993）
○6章全体を通して引用・参考した文献
2) 森村道美：マスタープランと地区環境整備──都市像の考え方とまちづくりの進め方──，学芸出版社（1998）
3) 渡辺俊一：市民参加のまちづくり──マスタープランづくりの現場から──，学芸出版社（1999）
4) 和田安彦，菅原正孝，西田 薫，中野加都子：エース 環境計画（エース土木工学シリーズ），朝倉書店（2001）
5) 原科幸彦 編：環境計画・政策研究の展開──持続可能な社会づくりへの合意形成──，岩波書店（2007）

7章

1) 脇田祥尚：みんなの都市計画，理工図書（2009）
○7章全体を通して引用・参考した文献
2) 大野輝之：現代アメリカ都市計画──土地利用規制の静かな革命──，学芸出版社（1997）
3) 渡辺俊一：比較都市計画序説──イギリス・アメリカの土地利用規制──，三省堂（1985）
4) 福川裕一：ゾーニングとマスタープラン──アメリカの土地利用計画・規制システム──，学芸出版社（1997）

8章

1) クラレンス・A・ペリー 著，倉田和四生 訳：近隣住区論──新しいコミュニティ計画のために──，鹿島出版会（1975）
2) 辻野五郎丸：グラウンドデザインとしての河川の構造と治水システム，2005年春季造園学会（2005）
3) 金子雄一郎：交通計画学（土木・環境系コアテキストシリーズ E-3），コロナ

（前ページからの続き）
4) 片田敏孝：人が死なない防災，集英社（2012）

社（2012）
○8章全体を通して引用・参考した文献
4) 三村浩史：第二版 地域共生の都市計画，学芸出版社（2005）
5) 石川幹子：都市と緑地——新しい都市環境の創造に向けて——，岩波書店（2001）
6) 新谷洋二：都市交通計画 第2版，技報堂出版（2003）
7) 交通計画システム研究会 編：都市の交通計画——総合交通体系調査と交通需要の分析・予測——，共立出版（2006）
8) 交通工学研究会，TDM研究会 編：渋滞緩和の知恵袋—— TDM モデル都市・ベストプラクティス集——，交通工学研究会（2002）
9) 横浜市道路局ウェブサイト，都市計画道路網の見直し（2005）；
http://www.city.yokohama.jp/me/douro/plan/minaoshi/toushin/toushin.pdf
（2014年2月現在）

9章

○9章全体を通して引用・参考した文献
1) 大場民男：続々 土地区画整理——その理論と実際——，新日本法規出版（2000）
2) 都市再開発法制研究会：わかりやすい都市再開発法——制度の概要から税制まで——，大成出版社（2007）

10章

1) 三村浩史：第二版 地域共生の都市計画，学芸出版社（2005）
○10章全体を通して引用・参考した文献
2) クラレンス・A・ペリー 著，倉田和四生 訳：近隣住区論——新しいコミュニティ計画のために——，鹿島出版会（1975）
3) 五十嵐敬喜，野口和雄，池上修一：いきづく町をつくる 美の条例——真鶴町・一万人の選択——，学芸出版社（1996）
4) 坂和章平：Q&A わかりやすい景観法の解説，新日本法規出版（2005）
5) 景観まちづくり研究会 編：景観法を活かす——どこでもできる景観まちづくり——，学芸出版社（2004）
6) 川添 登：おばあちゃんの原宿——巣鴨とげぬき地蔵の考現学——，平凡社

(1989)
7) 柴田哲雄：巣鴨二丁目便覧 巣鴨二丁目親和会（1953）
8) 竹内 宏：とげぬき地蔵の経済学——「シニア攻略」12の法則——，日本経済新聞社（2005）
9) 田村正次 編：五十年の歩み，巣鴨三丁目三親会記念誌（1965）

11章

1) 谷下雅義：市街化区域内農地転用率の影響要因：東京圏内の特定市を対象にして，都市計画論文集，**44**，3，pp.223〜228（2009）
○11章全体を通して引用・参考した文献
2) 田中啓一：都市空間整備論——開発利益と財源負担——，有斐閣（1990）
3) 谷下雅義，今西昭裕：都市計画税の課税および税率の決定要因，都市計画論文集，**41**，3，pp.631〜634（2006）
4) 今西昭裕，谷下雅義：都市計画税が社会資本整備水準に与えた影響，都市計画論文集，**41**，3，pp.625〜630（2006）

12章

○12章全体を通して引用・参考した文献
1) 篠藤明徳 著，自治体議会政策学会 監修：まちづくりと新しい市民参加——ドイツのプラーヌンクスツェレの手法——，イマジン出版（2006）
2) 世古一穂：参加と協働のデザイン—— NPO・行政・企業の役割を再考する——，学芸出版社（2009）
3) 兼子 仁：改訂版 自治体行政法入門，北樹出版（2008）
4) 野村 創：事例に学ぶ行政訴訟入門——紛争解決の思考と実務——，民事法研究会（2011）
5) 坂和章平：眺望・景観をめぐる法と政策，民事法研究会（2012）
6) 北村 亘：政令指定都市——百万都市から都構想へ——，中央公論新社（2013）

13章

1) 山崎 亮：コミュニティデザイン——人がつながるしくみをつくる——，学芸出版社（2011）

○13章全体を通して引用・参考した文献
2) 川喜田二郎：発想法——創造性開発のために——，中央公論社（1967）
3) 川喜田二郎：続・発想法—— KJ法の展開と応用——，中央公論社（1970）
4) 日本建築学会 編：建築・都市計画のための調査・分析方法，井上書院（1987）
5) 木下 勇：ワークショップ——住民主体のまちづくりへの方法論——，学芸出版社（2007）
6) 伊藤雅春，大久手計画工房：参加するまちづくり——ワークショップがわかる本——，OM出版（2003）

14章

1) 松岡 譲：都市構造及び都市配置と地球温暖化，環境研究，**86**，pp. 51～65（1992）

○14章全体を通して引用・参考した文献
2) 小宮信夫：犯罪は「この場所」で起こる，光文社（2005）
3) 小出 治 監修，樋村恭一 編：都市の防犯——工学・心理学からのアプローチ——，北大路書房（2003）
4) 広井良典：コミュニティを問い直す——つながり・都市・日本社会の未来——，筑摩書房（2009）
5) 広井良典：創造的福祉社会——「成長」後の社会構想と人間・地域・価値——，筑摩書房（2011）
6) 広井良典：定常型社会——新しい「豊かさ」の構想——，岩波書店（2001）
7) 広井良典：持続可能な福祉社会——「もうひとつの日本」の構想——，筑摩書房（2006）

さらに学びたい人へ——本書の内容の理解を深めるために参考となる書籍——

○都市計画全般
・日本弁護士連合会公害対策・環境保全委員会 編：変えてみませんかまちづくり，実教出版（1995）
・川村健一，小門裕幸：サステイナブルコミュニティ——持続可能な都市のあり方を求めて——，学芸出版社（1995）
・日笠 端：コミュニティの空間計画（市町村の都市計画1），共立出版（1997）
・日笠 端：市街化の計画的制御（市町村の都市計画2），共立出版（1998）

引 用 ・ 参 考 文 献

- 日笠 端：都市基本計画と地区の都市計画（市町村の都市計画3），共立出版（2000）
- 浦安まちブックをつくる会：まちづくりがわかる本──浦安のまちを読む──，彰国社（1999）
- 高見沢実：初学者のための都市工学入門，鹿島出版会（2000）
- 蓑原 敬，小川富由，木下眞男，蓑原 健，大方潤一郎，吉川富夫，若林祥文，中井検裕，西村幸夫，佐藤 滋：都市計画の挑戦──新しい公共性を求めて──，学芸出版社（2000）
- 都市計画教育研究会 編：都市計画教科書 第三版，彰国社（2001）
- 海道清信：コンパクトシティ，学芸出版社（2001）
- 浅見泰司 編：住環境──評価方法と理論──，東京大学出版会（2001）
- 日本建築学会 編：まちづくりの方法（まちづくり教科書 第1巻）」丸善（2004）
- 三村浩史：第二版 地域共生の都市計画，学芸出版社（2005）
- 福川裕一，矢作 弘，岡部明子：持続可能な都市──欧米の試みから何を学ぶか──，岩波書店（2005）
- 坂和章平：実務不動産法講義（実務法律講義9），民事法研究会（2005）
- 加藤 晃，竹内伝史：新・都市計画概論 改訂2版，共立出版（2006）
- 脇田祥尚：みんなの都市計画，理工図書（2009）
- 西村幸夫，野澤 康 編：まちの見方・調べ方──地域づくりのための調査法入門──，朝倉書店（2010）
- 伊藤雅春，小林郁雄，澤田雅浩，野澤千絵，真野洋介，山本俊哉：都市計画とまちづくりがわかる本，彰国社（2011）
- 佐々木晶二：政策課題別都市計画制度徹底活用法，ぎょうせい（2015）
- 佐々木晶二：都市計画のキホン，ぎょうせい（2017）
- 饗庭 伸：都市をたたむ──人口減少時代をデザインする都市計画──，花伝社（2015）
- ヤン・ゲール，ビアギッテ・スヴァア 著，鈴木 ほか訳：パブリックライフ学入門，鹿島出版会（2016）

○歴　　　史
- 石田頼房：日本近現代都市計画の展開── 1868-2003 ──，自治体研究社（2004）
- 北原鉄也：現代日本の都市計画，成文堂（1998）
- レオナルド・ベネヴォロ 著，横山 正訳：近代都市計画の起源，鹿島出版会（1976）

- 渡辺俊一：「都市計画」の誕生——国際比較からみた日本近代都市計画——，柏書房（1993）
- 日端康雄：都市計画の世界史，講談社（2008）

○理想都市
- 中嶋和郎：ルネサンス理想都市，講談社（1996）
- ヘレン・ロウズナウ 著，理想都市研究会 訳：理想都市——その建築的展開——，鹿島出版会（1979）

○欧米の都市計画
- 大野輝之：現代アメリカ都市計画——土地利用規制の静かな革命——，学芸出版社（1997）
- 中井検裕，村木美貴：英国都市計画とマスタープラン——合意に基づく政策の実現プログラム——，学芸出版社（1998）
- ウィリアム・フルトン 著，花木啓祐，藤井康幸 訳：カリフォルニアのまちづくり——都市計画の最先端地域から学ぶ——，技報堂出版（1994）

○特定都市の都市計画
- 宇田英男：誰がパリをつくったか，朝日新聞（1994）
- 松井道昭：フランス第二帝政下のパリ都市改造，日本経済評論社（1997）
- 岡崎友彦：家康はなぜ江戸を選んだか，教育出版（1999）
- 角山 榮，川北 稔 編：路地裏の大英帝国——イギリス都市生活史——，平凡社（1982）

○行政法
- 阿部泰隆：国土開発と環境保全，日本評論社（1989）
- 阿部泰隆：行政の法システム（上）（下）新版，有斐閣（1997）
- 磯部 力，小早川光郎：改訂版 自治体行政手続法（自治体法学全集 4），学陽書房（1995）
- 角松生史：「公私協働」の位相と行政法理論への示唆——都市再生関連諸法をめぐって——，公法研究，**65**，pp. 200～215（2003）; http://www2.kobe-u.ac.jp/~kado/sigoto/kosikyodo_kohokenkyu65.pdf（2014 年 2 月現在）
- 大田直史：土地利用規制まちづくり行政と住民参加；室井 力 編：住民参加のシステム改革——自治と民主主義のリニューアル——，日本評論社（2004）
- 大橋洋一：第 2 版 行政法——現代行政過程論——，有斐閣（2004）
- 西谷 剛：実定行政計画法——プランニングと法——，有斐閣（2003）
- 長谷川貴陽史：都市コミュニティと法——建築協定・地区計画による公共空間

の形成，東京大学出版会（2005）
・宇賀克也：行政法概説Ⅰ 行政法総論 第5版，有斐閣（2006）
・田村悦一：住民参加の法的課題，有斐閣（2006）
・都市計画争訟研究会：都市計画争訟研究報告書，都市計画協会（2006）
・角松生史：建築紛争と土地利用規制の制度設計——情報構造の観点から——，日本不動産学会誌，**19**，4，pp. 58 〜 65（2006）；
http://www2.kobe-u.ac.jp/~kado/sigoto/kenchikufunshototochiriyokiseinoseidosekkei.pdf（2014年2月現在）
・碓井光明：都市行政法精義Ⅰ，信山社（2013）

○都市・地域経済
・宮尾尊弘：現代都市経済学 第2版，日本評論社（1995）
・清水千弘：不動産市場分析——不透明な不動産市場を読み解く技術——，住宅新報社（2004）
・黒田達朗，田淵隆俊，中村良平：都市と地域の経済学 新版，有斐閣（2008）
・国土交通省住宅局，景観に係る建築規制の分析手法に関する研究会：建築物に対する景観規制の効果の分析手法について，国土交通省（2007）
・国土交通省都市，地域整備局：景観形成の経済的価値分析に関する検討報告書，国土交通省（2007）
・谷下雅義，長谷川貴陽史，清水千弘：景観規制が戸建住宅価格に及ぼす影響——東京都世田谷区を対象としたヘドニック法による検証——，計画行政，**32**，2，pp. 71 〜 79（2009）

演習問題解答

1章

〔1.1〕 略

〔1.2〕 文化的景観とは,「地域における人々の生活又は生業及び当該地域の風土により形成された景観地で我が国民の生活又は生業の理解のため欠くことのできないもの」のことをいう(文化財保護法第二条第1項第五号)。その中でも特に重要なものは,都道府県または市町村の申し出に基づき「重要文化的景観」として選定される。この選定制度は2004(平成16)年の文化財保護法の一部改正によって始まった文化財保護の手法である。

重要文化的景観に選定されたものは,現状の変更あるいはその保存に影響を及ぼす行為をしようとする場合,文化財保護法により,文化庁長官に届け出る必要がある。また,文化的景観の保存活用のために行われるさまざまな事業,たとえば調査事業や保存計画策定事業,整備事業,普及・啓発事業に対しては,国からその経費の補助が行われる。

参考:文化庁ウェブサイト,文化的景観,

http://www.bunka.go.jp/bunkazai/shoukai/keikan.html (2014年2月現在)

2章

〔2.1〕 ① 255, ② -18.15, ③ 289.7, ④ -16.55, ⑤ 291.0, ⑥ 1.3

〔2.2〕 **ヒートアイランド現象**:建物や道路で覆われている都市の地表面は,緑地が少ないため蒸発の冷却作用も少ない。また建物の冷暖房や交通あるいは道路灯など各種の都市活動に伴って消費されるエネルギー量が大きい,これらにより,都市を覆う大気が周囲よりも暖められる現象のこと。

ゲリラ豪雨:予測が困難な,積乱雲の発生による突発的で局地的な豪雨を指す俗語。都市部で暖められた空気が上昇気流となり,海からの湿った空気を呼びこむ。そこへヒートアイランド現象による熱が積乱雲の発達を助長することで,ゲリラ豪雨が起こるというメカニズムがある。ヒートアイランド現象の要因の一つであるアスファルトは,ゲリラ豪雨が起こっても雨水が地中へ浸透せず,家屋や道路の浸水の原因ともなる。ヒートアイランド現象は都市化が生んだ現代の深刻な環境問題といえる。

流域治水（flood risk management in river basins）：ダムや堤防に加え，水をあふれさせる場所をあえて作り，流域全体で水を受け止めて水害を減らす考え方（特定都市河川浸水被害対策法等の一部を改正する法律，2021 年）。

浸水しやすい場所や土砂災害の危険性の高い場所への住宅の移転，ため池や田んぼおよび家庭やビルで雨水をためる，森林保全や治山対策，ダムの事前放流，避難情報の提供などを含め，「流域」全体で災害リスクの最小化に取り組むもの。

〔2.3〕 略

3章

〔3.1〕 **解表** 3.1 に明治以降の市町村数のおおまかな変遷を示す。

解表 3.1 明治以降の市町村数の変遷

	年月	市	町	村
明治の大合併	1888 年	—	71 314	
	1889 年	39	15 820	
昭和の大合併	1953 年 10 月	286	1 966	7 616
平成の大合併	1999 年 4 月	671	1 990	568
	2014 年 1 月	790	746	183

出典：総務省ウェブサイト，地町村合併資料より作成，
http://www.soumu.go.jp/gapei/gapei2.html（2014 年 2 月現在）

〔3.2〕（1） 森林がほとんどなく，市のほぼ全域が市街化しているため。
（2） 泊原子力発電所の固定資産税などによる。

〔3.3〕 略

4章

〔4.1〕 略

〔4.2〕 例：

人口指標

　夜間人口増加率：年間増加率

　昼間人口増加率：年間増加率

　人口代謝率＝（転入者数＋出生者数）/総人口

　高齢化率＝65 歳以上の人口/総人口

経済活動指標
　　実質地域総生産の増加率
資本ストック指標
　　社会資本ストックの増加率
　　民間資本ストックの増加率
〔4.3〕　略

5章

〔5.1〕　**都市化**（urbanization）：地域や国における都市部の人口が農村部に比べて増加すること。都市機能と住宅が都心の周りに集中すること。

郊外化（suburbanization）：交通機関の発達と都市環境の悪化に伴い，住宅や事業所などが都市の辺縁部に移転すること。

DIDの拡大過程の特徴：拡大した年代の違いや，東京は鉄道網に沿って，一方仙台は鉄道網以外に拡大していることなど。

今後のDIDの予想：DIDがまだらになる。空き地・空き家・空き店舗，ごみ・景観，獣害，施設のニーズとのミスマッチや維持管理費用の負担問題など。

補足：DIDがなぜ公式統計になったか

1953（昭和28）年の町村合併促進法および1956（昭和31）年の新市町村建設促進法により，多くの町村が新たに市制を施行または既存市に合併され，市部の地域内に農漁村的性格の強い地域が広範囲に含まれるようになった。この結果，市部の面積が大きくなる一方，人口密度が低下し，統計上市が「都市的地域」としての特質を必ずしも明瞭に表さなくなった。

そこで，総理府統計局（現総務省統計局）は，1960（昭和35）年国勢調査の際に「都市的地域」の特質を明らかにする新しい統計上の地域単位として「人口集中地区（DID）」を設定し，このDIDについても国勢調査結果を集計することとした。

〔5.2〕　○ル・コルビュジエの都市革新

建築家のル・コルビュジエは，1922年に職場・住居・余暇活動の場を明快に分離し，たがいに交通網によって結ぶ「太陽・緑・空間の機能的都市（輝ける都市）」と呼ばれる革新的な提案を行った。

その考えに基づいて，インドの「チャンディガール」に計画都市が建設される。権威主義の秩序を破壊し，合理性，効率性，等質性といった価値観が生まれ，その一方で，伝統的なコミュニティのもつ共同維持力を弱めていくことになる。

○ジェイン・ジェイコブズ「アメリカ大都市の死と生」(1961)

以下の4条件をすべて満たす都市こそが魅力的な都市であり続けていると述べた。
・街路の幅が狭く，曲がっていて，一つ一つのブロックの長さが短いこと
・古い建物と新しい建物が混在すること
・各区域は，二つ以上の機能を果たすこと
・人口密度ができるだけ高いこと

これは，ル・コルビュジエなどへの強い批判であった。

〔5.3〕 (1) モータリゼーション

低価格化によって自家用車が急激に普及すること。アメリカ合衆国では，第一次世界大戦後の1920年代，T型フォードの生産システムの確立により始まり，ヨーロッパ各国でも1930年代には始まった。特にドイツにおけるアウトバーンの整備は，ヨーロッパのモータリゼーションを一気に加速させた。

(2) ノーネットロス原則

ある地域内全体において，その中のある自然（例えば湿地や草原）における生物多様性の損失（ロス）をゼロにすることを目的とする発想，原則のこと。米国ではトータルで差引きゼロの損失という環境影響を緩和するための措置が保証されない限り，開発の代償措置とは認められないとの見解が示される。

(3) 都市鉱山

都市において，ゴミとして廃棄される家電製品などの中に存在するレアメタルなどの有用な資源を鉱山に見立てたもの。

6章

〔6.1〕 以下に詳しい。参考：国土交通省国土政策局ウェブサイト，インターネットでみる国土計画，資料アーカイブ，国土計画の策定経緯，

http://www.kokudokeikaku.go.jp/document_archives/ayumi/1.pdf （2014年2月現在）

〔6.2〕 略

〔6.3〕 (1) 略

(2) 都市の基盤整備事業が優先され，都市の目標像を市民と一緒につくるという認識はあまりなかった。

(3) 略

演 習 問 題 解 答

〔**6.4**〕 アレグサンダーは，現代の"人工の都市"は豊かな人間性を失っていると批判し，その原因は近代都市計画の効率主義によって，都市が機能だけに注目したツリー構造として計画されているためだとした。一方，自然のプロセスによって長い時間をかけて形成された"自然の都市"は諸要素が重なり合う構造（セミラティス構造）になっており，心地よさや美しさ（「名付け得ぬ質」といわれる）があると主張した。これを都市や建築に取り戻し，"有機的秩序"を回復するために考案されたのが「パタン・ランゲージ」である。

「泳げる水」，「小さな人だまり」，「座れる階段」など253の項目があげられており，そのパターンを組み合わせていくことで一つの言語を構成する。

神奈川県真鶴町の「まちづくり条例」はこの考え方を用いて，美の基準を作成している。

参考：真鶴町ウェブサイト，真鶴町まちづくり条例美の基準，
http://www.town-manazuru.jp/manazurushiru/binokijun.html（2014年2月現在）

7章

〔**7.1**〕 7.1節参照

〔**7.2**〕 用途地域，地区，容積率，建蔽率，都市計画施設等
共通点：駅周辺に（近隣）商業地域がある 工業地域と低層住居専用地域は隣接しないなど
相違点：○○地域や△△地区がないなど

〔**7.3**〕 略

〔**7.4**〕 そのまちが現在どんな利用がなされているか，将来どうなるか，どんなまちをめざしているのか等。

〔**7.5**〕 略

〔**7.6**〕 建築時には適法に建てられた建築物であって，その後，法令の改正や都市計画の変更などによって不適格な部分が生じた建築物。増改築等を行うとすると厳しい基準が適用されるため，老朽化した建築物や古い基準によって明らかに耐震強度が不足している建築物などが改修されず放置され，問題視されることもある。なお歴史的価値を持つ建築物や街区については一定の緩和規定がある。

8章

〔8.1〕接道義務：建物の敷地は幅員4m以上の道路に（間口が2m以上）接している必要があること。この要件を満たさないと建築は認められない。災害時の避難経路の確保や，消防車や救急車などの緊急車両が接近する経路を確保することが目的である。また，上空が開放された空間（オープンスペース）を生み出すことにより，通風や排水などにも役に立つ。

2項道路：（原則）道路の中心線から水平距離2m後退（セットバック）した線を道路の境界線とみなすことによって，建築を認められた道路。古くからある既成市街地では4m未満の道が多いため，沿道の建物がほとんど既存不適格となり建替え不可（建築確認が下りない）となってしまうことから導入されている。

容積率の道路幅員制限：敷地の前面道路の幅員（2以上ある場合はその幅員の最大のもの）が12m未満の場合は，道路幅員制限がある。この場合，建築物の容積率は，前面道路の幅員〔m〕の数値に，**解表8.1**の数値を乗じたもの以下でなければならない。

住居系：道路幅員による容積率〔%〕の上限＝前面道路幅員〔m〕×40（60）

その他：道路幅員による容積率〔%〕の上限＝前面道路幅員〔m〕×60（40または80）

そして，この道路幅員による容積率の数値と，都市計画で用途地域ごとに50%～1300%の範囲で制限が定められている指定容積率のうち，いずれか小さいほうの値の制限が適用される。

解表8.1 前面道路幅員に乗じる数値

号	地域・区域	前面道路幅員に乗じる数値
1号	第1種低層住居専用地域	40
	第2種低層住居専用地域	
2号	第1種中高層住居専用地域	40 （特定行政庁が指定する区域では60）
	第2種中高層住居専用地域	
	第1種住居地域	
	第2種住居地域	
	準住居地域	
3号	その他	60 （特定行政庁が指定する区域では40または80）

〔8.2〕社会資本の十分な供給がなされない。

演 習 問 題 解 答

〔8.3〕 公共事業用地取得にあたり，通常は事業者側と土地所有者との間で，補償金額などの金銭面で折り合いをつけ，任意で売買契約を結ぶが，それが上手くいかず，土地所有者の了解が得られない場合，適切な対価を払って土地の所有権を強制的に事業者が取得すること。

〔8.4〕 社会実験とは社会的に大きな影響を与える可能性のある施策の導入に先立ち，市民などの参加のもと場所や期間を限定して施策を試行・評価するもの。地域が抱える課題の解決に向け，関係者や地域住民が施策を導入するか否かの判断を行うことができる（**解図 8.1**）。

出典：東京都ウェブサイト，中杉通り自転車道社会実験結果概要，
　　　http://www.metro.tokyo.jp/INET/CHOUSA/2008/03/DATA/60i3r601.pdf
　　　（2014 年 2 月現在）

解図 8.1　自転車走行空間を創出した実験

9 章

〔9.1〕 憲法第 29 条は「公共の福祉」の範囲内での財産権の保障を定めている。用地買収とは異なり，土地利用規制は「公共の福祉」の範囲外と考えられている。

〔9.2〕 土地などの取得または土地などの使用にかかる補償額は，契約締結のときの価格によって算定するものとし，その後の価格の変動による差額については，追加払いしないものとする（参考：国土交通省ウェブサイト，土地総合情報ライブラリー，公共用地の取得に伴う損失補償基準，http://tochi.mlit.go.jp/generalpage/8231（2014 年 2 月現在））とされており，その価格は市場で取引されている価格が基準となる。土地を売ることで，損も得もしないという考え方である。

例えば，代々住み続けた家を離れることによる精神的苦痛などは補償の対象とはならないが，こうした精神的苦痛に対しても「慰謝料」を支払うべきだという意見もある。この問題の「2 倍」というのもその一つの形といえる。しかし，その算定は

〔9.3〕 低層の住環境を保全したいと住民と既存の土地利用規制のもとで利潤を最大化したい開発業者のバランスの問題である。法規制の範囲内で行われる開発について行政は，開発の禁止を求めることができない。そういう意味では反対運動は「むだ」である。しかし，「むだ」とは何だろうか。この反対運動をきっかけに，まち，都市，都市計画などに関する関心をもつようになるかもしれない。さらに展開して，地域でまちづくりの活動がはじまる可能性もある。長期的また広域的そして多面的に問題を考えてみよう。

10章

〔10.1〕 略

〔10.2〕 建築物の高さの上限を定める規制。文京区の規制については関連サイト (http://www.city.bunkyo.lg.jp/bosai/machizukuri/toshikeikaku/tetsuzuki/tetsuzukichu.html（アクセス：2018年2月9日））を参照する。

11章

〔11.1〕 **汚染者（原因者）負担**：環境汚染を引き起こす汚染物質の排出源である汚染者（原因者）に発生した損害の費用をすべて支払わせること。

拡大生産者責任：これまで行政が負担していた使用済製品の処理（回収・廃棄やリサイクル等）にかかる費用をその製品の生産者に負担させるようにするもの。処理にかかる社会的費用を低減させるとともに，生産者が使用済製品の処理にかかる費用を下げようというインセンティブにより，環境的側面を配慮した製品の設計（リサイクルしやすい製品や廃棄処理の容易な製品など）に移行することを狙っている。

〔11.2〕 地域開発等のプロジェクトでは，開発後に固定資産税や事業税などの税収が増えることが見込まれる。その税収増を返済財源として資金調達を行う手法。行政と企業が協働して行う公共用地の活用や再開発プロジェクトにおいて使用が期待されている。

〔11.3〕 例：有料化（千代田区秋葉原など）。
http://www.city.chiyoda.lg.jp/koho/machizukuri/koen/yuryo.html（2014年2月現在）

12章

〔12.1〕 **政令指定都市**：地方自治法第252条の19第一項の指定都市の指定に関する政令で指定する人口50万以上の市。2018年3月現在で20都市が指定されている。政令指定都市では行政区が設置される。県から財源の一部や保健，福祉，都市計画

演習問題解答

などの権限が移譲され,市が使途を決定できる税収が増えるとともに,独自に実施できる行政サービスの幅が広がる。

中核市:地方自治法第252条の26の3第1項に定める政令による特別指定を受けた人口20万人以上の市。2018年3月現在,中核市は48市,中核市への移行を検討中および移行が決定した市が16市ある。

解表12.1のような都市が該当する。また,**解表12.2**のように行政事務が機能分担されている。

〔12.2〕 略,〔12.3〕 略

解表12.1 政令指定都市,中核市,中核市移行を検討している市とその他の人口20万人以上の市

	政令指定都市		中核市		中核市への移行を検討している市		その他の人口20万以上の市	
	都市名	人口	都市名	人口	都市名	人口	都市名	人口
北海道	札幌	196	旭川 函館	34 26				
東北	仙台	108	郡山 いわき 秋田 青森 盛岡 八戸	35 33 32 29 29 23	福島 山形	29 25		
首都圏	横浜 川崎 さいたま 千葉 相模原	373 149 128 97 72	船橋 八王子 宇都宮 柏 横須賀 高崎 川越 越谷 前橋	63 56 52 42 40 38 35 34 34	川口 所沢 水戸 平塚 草加 茅ヶ崎 大和 厚木 つくば 春日部 太田 伊勢崎 熊谷 小田原※ 甲府※	60 34 27 26 25 24 23 23 23 23 22 21 20 19 19	松戸 市川 町田 藤沢 市原 府中 上尾 調布 西東京	49 49 43 43 27 26 23 23 20
北陸	新潟	81	金沢 富山	47 42	福井 長岡	27 27	上越	20
中部圏	名古屋 浜松 静岡	230 89 70	豊田 岐阜 長野 岡崎 豊橋	42 41 38 38 37	一宮 四日市 春日井 富士 松本 沼津※	38 31 31 25 24 19	津	28

演習問題解答

解表 12.1　（続き）

	政令指定都市		中核市		中核市への移行を検討している市		その他の人口20万以上の市	
	都市名	人口	都市名	人口	都市名	人口	都市名	人口
近畿圏	大阪 神戸 京都 堺	270 154 147 84	姫路 東大阪 西宮 尼崎 豊中 枚方 和歌山 奈良 高槻 大津	53 50 49 45 40 40 36 36 35 34	吹田 明石 茨木 八尾 加古川 寝屋川 宝塚	38 29 28 27 27 24 23		
中国	広島 岡山	120 72	倉敷 福山 下関 呉	48 46 27 23	松江 鳥取	21 19		
四国			松山 高松 高知	52 43 33	徳島	26		
九州	福岡 北九州 熊本	155 96 74	鹿児島 大分 長崎 宮崎 久留米 佐世保	61 48 43 40 31 25	佐賀	24		
沖縄			那覇	32				
計	20市		48市		36市		11市	
総人口		2765		1895		951		351
平均		138		39		26		32

数字は 2016 年 10 月 1 日の推計人口（単位：万人）

※ 2000 年に県の事務権限の一部を委譲される「中核市」，「特例市」という制度が創設され，当時人口 20 万人以上の市の多くは特例市になった。2015 年 4 月地方自治法が改正され，中核市の要件が人口 30 万人から 20 万人へと変更されるとともに特例市は廃止された。その際，それまで特例市であった市については，施行後 5 年以内（2020 年 3 月 31 日まで）であれば，人口 20 万人未満でも中核市として指定することができるとされている。

解表 12.2 行政事務の機能分担

	保健衛生	福祉	教育	環境	まちづくり	治安・安全・防災
道府県	・精神科病院の設置 ・予防接種の臨時実施 ・麻薬取扱者(一部)の免許	・保育士・介護支援専門員の登録 ・身体障害者更生相談所、知的障害者更生相談所の設置	・小中学校学級編制基準、教職員定数の決定 ・私立学校、市町村立高等学校の設置認可 ・高等学校の設置管理 ・県費負担教職員の任免、給与の決定	・公害健康被害の補償給付 ・第1種フロン類回収業者の登録	・都市計画区域の指定 ・市街地再開発事業の認可 ・指定区間の1級河川、2級河川の管理	・警察(犯罪捜査、運転免許など)
政令市	・精神障害者の入院措置 ・動物取扱業の登録	・児童相談所の設置		・建築物用地下水の採取の許可	・区域区分に関する都市計画の決定 ・指定区間の1級河川(一部)、2級河川(一部)の管理 ・指定区間外の国道、県道の管理	
中核市	・保健所の設置 ・飲食店営業などの許可 ・温泉の利用許可 ・旅館業、公衆浴場の経営許可	・養護老人ホームの設置認可、監督 ・介護サービス事業者の指定	・県費負担教職員の研修	・一般廃棄物処理施設、産業廃棄物処理施設の設置許可 ・煤煙発生施設の設置届出の受理 ・一般粉塵発生施設の設置届出の受理 ・汚水または特定施設から廃液を排出する特定施設の設置届出の受理	・屋外広告物の条例による設置制限 ・サービス付高齢者向け住宅事業者の登録 ・市街化区域または市街化調整区域内の開発行為の許可 ・土地区画整理組合の設立認可	
市町村	・市町村保健センターの設置 ・健康増進事業の実施 ・予防接種の定期実施 ・結核に係る健康診断 ・埋葬、火葬の許可	・保育所の設置運営 ・生活保護(市および福祉事務所設置町村の事務) ・養護老人ホームの設置、運営 ・障害者自立支援給付事業 ・介護保険事業 ・国民健康保険事業	・小中学校の設置管理 ・幼稚園の設置運営 ・県費負担教職員の服務監督、勤務成績の評定	・一般廃棄物の収集、処理 ・騒音、振動、悪臭を規制する地域の指定、規制基準の設定(市のみ)	・上下水道の整備、管理運営 ・都市計画決定(上下水道関係) ・都市計画決定(上下水道以外) ・市町村道、橋梁の建設、管理 ・準用河川の管理	・消防救急活動 ・災害予防、警戒、防除など ・戸籍、住民基本台帳 ・その他

注:網掛け部分は東京の特別区の権能。
出典:第30次地方制度調査会第6回専門小委員会資料(2012年2月2日)より作成。

13章

〔13.1〕 ○行政が実施（官庁統計）

この根拠となる統計法は2007年に改正され，統計調査にかかわる情報の騙取や漏洩について懲役刑を含む罰則を設ける一方，調査情報から個人を識別できないように加工した「匿名データ」の作成と大学や研究機関が「匿名データ」を二次利用することを認めている。これにより，広く一般に利用可能な統計情報に近づいた。統計は三つに大別される。

・指定統計（総務大臣が指定し，その旨を公示した統計55）
  参考：総務省統計局ウェブサイト，指定統計一覧，
  http://www.stat.go.jp/info/kenkyu/minkan/pdf/sanko1_1.pdf（2014年2月現在）
・承認統計（国の行政機関が10以上の人または法人などを対象に行う統計報告の徴集であって，総務大臣の承認を受けた統計調査）
・届出調査（調査指定統計調査および承認統計調査以外の国，都道府県，指定都市，市，日本銀行および商工会議所が行う統計調査のうち，事前に総務大臣に届け出ることとされて調査するもの）

その他，民間や国際機関でもさまざまな調査が行われている。

解表 13.1 に日本のおもな官庁統計データを示す。また，**解表 13.2** には二次統計資料を示す。

○主要な交通データ
・大都市交通センサス：首都圏，中京圏，近畿圏の三大都市圏における，大量公共交通機関（鉄道，乗合バス，路面電車）の利用実態を明らかにすることを目的として，1960年から5年ごと（国勢調査と同じ年）に実施してきた交通統計調査
・パーソントリップ調査：「どのような人が，いつ，どこからどこへ，どんな目的で，どんな交通手段で移動しているか」を把握することを目的とした調査（大都市では10年おきに実施）

○空間情報（国土地理院）
・空中写真，衛星画像：国土変遷アーカイブ 空中写真閲覧システム
・地形図：地図閲覧サービス（試験公開）
・国土数値情報：国土情報ウェブマッピングシステム

○測位・空間参照技術の進展
・GPS（Global Positioning System）：人工衛星を利用したリアルタイム位置情報
・ジオコーディング（Geo Coding）：地名などから空間的な位置を特定する技術

演 習 問 題 解 答

解表 13.1 日本のおもな官庁統計データ

おもな実施機関	統計名	統計種別	調査周期	概　要
総務省	国勢調査	指定	5年	人口，世帯
	住民基本台帳人口移動報告	届出		住民票に基づく社会移動
	住宅・土地統計調査	指定	5年	住宅数，居住室数，空家数，敷地面積，居住水準，居住密度，保有する土地面積など
	家計調査	指定	月	家計の収入・支出，貯蓄・負債など
	家計消費状況調査	指定	月	購入頻度が少ない高額商品・サービスの消費やIT関連消費
	全国消費実態調査	指定	5年	家計の収入・支出および貯蓄・負債，耐久消費財，住宅・宅地などの家計資産
	社会生活基本調査	指定	5年	日々の生活における「時間のすごし方」と1年間の「余暇活動」
	サービス業基本調査	指定	5年	サービス産業別事業所数，従業者数，収入額など
	個人企業経済調査	指定	月	個人事業主による業況判断や営業収支，事業主の年齢，後継者の有無
	科学技術研究調査	指定	1年	研究費，研究関係従業者など
	労働力調査	指定	4半期	就業時間，産業，職業などの就業状況，失業，求職の状況など
	就業構造基本調査	指定	5年	就業および不就業の実態
	小売物価統計調査	指定	月	小売価格やサービスの料金
	全国物価統計調査	指定	5年	販売価格およびサービス料金ならびにこれらを取り扱う店舗の業態や経営形態
厚生省	人口動態調査	指定	1年	出生，死亡，婚姻など
国土交通省	港湾調査	指定	月，年	入港船舶及び海上出入貨物
	造船造機統計調査	指定	月	造船および船舶に使用する機器
	鉄道車両等生産動態統計調査	指定	月	生産形式，商品名，需要先 受注両数・金額 生産両数・金額 月末手持両数・金額
	船員労働統計調査	指定	年	船員の報酬・雇用
	自動車輸送統計調査	指定	月	自動車の種類，おもな用途，乗車定員，最大積載量 走行キロ 燃料の種類，消費量 輸送状況
	内航船舶輸送統計調査	指定	月	内航船舶の貨物輸送
	鉄道輸送統計調査	承認	月 4半期	旅客および貨物の営業キロ（定期，定期外別）旅客数量など
	航空輸送統計調査	承認	月	航空機稼動時間，国内外航空運送事業実績
	自動車燃料消費量調査	承認	月	自動車のおもな用途，休車日数，調査期間中の燃料消費量・走行キロ
	交通関連企業設備投資動向調査	承認	年	設備投資
	大都市交通センサス		5年	後述
経済産業省	工業統計調査	指定	年	経営組織 資本金額または出資金額 従業者数 現金給与総額など
	商業統計調査	指定	2～3年	従業者数，商品販売額等
	事業所・企業統計調査	指定	5年	かつては3年周期
	産業連関表		5年	各産業の投入と産出に関する経済取引を特定の1年間について一覧表にしたもの。10府省庁（庁は金融庁）による共同作業
地方自治体	パーソントリップ調査	届出		後述

参考：総務省政策統括官（統計基準担当）：指定統計・承認統計・届出統計月報，**53**, 9（2005年）

解表 13.2　二次統計資料

資料名	日本統計年鑑	日本の統計	PSI年報	社会生活統計指標	統計でみる県のすがた	統計でみる市町村のすがた	日本統計月報	PSI	日本銀行統計	金融経済統計月報	日本国勢図会	Japan Almanac	経済統計年鑑	地域経済総覧	民力	データでみる県勢	都市データパック	市町村情報総覧	東洋経済統計月報
Web	○	○	○	○	○	○	○	○	×	×	×	○	×	×	×	○	×	×	△
キーワード索引	○	×	×	×	×	×	×	×	×	×	×	×	×	×	×	○	×	×	×
分野 国土	●	●	●	●	●	●	●	●			●	●	●	●	●	●	●	●	●
人口	●	●	●	●	●	●	●	●			●	●	●	●	●	●	●	●	●
国民経済計算	●	●	●		●		●				●	●	●						●
金融	●	●	●	●	●		●	●	●	●	●	●	●		●	●			●
財政	●	●	●	●	●	●	●			●	●	●	●	●	●	●	●	●	●
企業	●	●	●				●	●			●	●	●						●
産業	●	●	●	●	●	●	●	●			●	●	●	●	●	●	●	●	●
エネルギー	●	●	●		●		●				●	●	●	●	●	●			●
運輸通信	●	●	●	●	●	●	●	●			●	●	●	●	●	●	●		●
科学技術	●	●	●				●				●	●	●						●
商業・サービス業	●	●	●	●	●	●	●	●			●	●	●	●	●	●	●	●	●
保険証券	●	●	●				●	●		●	●	●	●						●
貿易	●	●	●				●	●		●	●	●	●						●
労働	●	●	●	●	●	●	●	●			●	●	●	●	●	●	●		●
賃金	●	●	●	●	●	●	●	●			●	●	●	●	●	●	●	●	●
物価	●	●	●	●	●		●	●			●	●	●	●	●	●	●		●
住居	●	●	●	●	●	●	●				●	●	●	●	●	●	●	●	●
家計	●	●	●	●	●		●	●			●	●	●		●	●			●
社会保障	●	●	●	●	●	●	●				●	●	●	●	●	●	●		●
保健医療	●	●	●	●	●	●	●	●			●	●	●	●	●	●	●	●	●
教育	●	●	●	●	●	●	●	●			●	●	●	●	●	●	●	●	●
出版・放送	●	●	●				●				●	●	●						●
宗教	●	●	●				●				●	●	●						
公務員	●	●	●				●				●	●	●						
選挙	●	●	●				●				●	●	●		●	●	●	●	●
司法	●	●	●				●				●	●	●						
環境	●	●	●	●	●	●	●	●			●	●	●	●	●	●	●	●	●
災害事故	●	●	●	●	●	●	●				●	●	●						●
国防	●	●					●				●	●							
備考	付属CD-ROMあり										累積データのCD-ROMあり	付属CD-ROMあり		累積データのCD-ROMあり					CD-ROMあり

演習問題解答

- ハザードマップ，犯罪マップなど：リアルタイム＋センサーネットワークで新しい情報がつぎつぎに生まれる社会の到来。
○ 全数調査と標本抽出調査，データ収集法（手段・インタビュア・コンピュータ利用）

〔13.2〕 ① 庁内における業務の効率化
- 住民ニーズに対応した質の高い行政サービスの提供（視覚的にわかりやすい位置情報の提供）
- 地図の共用化による効率化（紙地図の統合によるコスト低減）
- 新たな地図利用業務への展開（例えば福祉，環境，防災などへの適用）
- 行政評価における活用
- 行政施策の市民説明への活用

② 住民向けサービス向上への活用
- 地方公共団体のホームページでの活用（公共施設案内等）
- 行政手続きのオンライン化，ワンストップサービスとの連携
- 地域コミュニティとの双方向の情報伝達

③ 広域的活用への期待

参考：都市交通調査・都市計画調査ウェブサイト，都市計画 GIS 導入ガイダンス（平成17年3月），第1章，http://www.mlit.go.jp/crd/tosiko/GISguidance/pdf/04.pdf（2014年2月現在）

※参考になるウェブサイト（いずれも2014年2月現在）
- 政府統計の総合窓口：http://www.e-stat.go.jp/SG1/estat/eStatTopPortal.do
- 総務省 統計局・政策統括官・統計研修所，リンク集，都道府県等：http://www.stat.go.jp/info/link/2.htm
- 地方自治情報センター，全国自治体マップ検索（各自治体のウェブサイトから統計情報を検索）http://www.nippon-net.ne.jp/cgi-bin/search/mapsearch/nn_MapSearch.cgi
- 日本統計協会：http://www.jstat.or.jp/
- 地図・空中写真閲覧サービス：http://mapps.gsi.go.jp/maplibSearch.do
- 東京時層地図：http://www.jmc.or.jp/app/iphone/tokyo/
- 自然環境保全基礎調査，植生調査情報提供：http://www.vegetation.jp/
- 国土地理院，地図閲覧サービス（ウォッちず）：http://watchizu.gsi.go.jp/
- 国土交通省国土政策局 GIS ウェブサイト：http://www.mlit.go.jp/kokudokeikaku/gis/
- 国土交通省国土地理院，地理院地図（電子国土 Web）：http://portal.cyberjapan.jp/index.html

- 土地条件図，植生図，ハザードマップ
- Google Earth
- 国勢調査・住民基本台帳
- 課税台帳・登記簿
- 社会生活基本調査・労働力調査・家計調査・消費実態調査
- 市町村データ BOX：http://www.e-guild.gr.jp/NWN/citydata.htm
- JICA 研究所，社会調査の事業への活用：
  http://jica-ri.jica.go.jp/IFIC_and_JBICI-Studies/jica-ri/publication/archives/jica/field/200512_aid.html

〔13.3〕 アイスブレイクとは，人と人のわだかまりを解いたり，話し合うきっかけをつくるための簡単なゲームやクイズ，運動などのこと。

日本ファシリテーション協会では，「ほぐし系」，「紹介系」，「悟り系」の三つのグループに分類し，簡単な紹介をしている。

参考：日本ファシリテーション協会，ファシリテーションとは，アイスブレイク集，https://www.faj.or.jp/modules/contents/index.php?content_id=27（2014 年 2 月現在）

〔13.4〕 略

14章

〔14.1〕 略

本文でも触れた神奈川県秦野市の取組みは以下のとおり。

参考：秦野市ウェブサイト，市政，行政運営，公共施設再配置の取組み，
http://www.city.hadano.kanagawa.jp/saihaichi/koukyousisetusaihaiti.html（2014 年 2 月現在）

また総務省では，公共施設およびインフラ資産の将来の更新費用の試算を行っている。

参考：総務省ウェブサイト，公共施設及びインフラ資産の将来の更新費用の試算，
http://www.soumu.go.jp/iken/koushinhiyou.html（2014 年 2 月現在）

演 習 問 題 解 答

〔14.2〕（1）**解表 14.1** に都市と地方の比較を示す。○がついているほうがエネルギー消費が大きく，CO_2 排出量も多いと考えられる。

解表 14.1 都市と地方の比較

都市	項目	地方
高い○	所得水準	低い
狭い	住宅広さ	広い○
非木造	住宅構造	木造○
短い	自動車走行距離	長い○

（あくまでも一般的な傾向であり，すべての世帯がそうであるわけではない）

（2）規制，経済的手法，協定，事業実施，普及・啓発などがある。手段として，具体的な例を**解図 14.1，14.2** に示す。

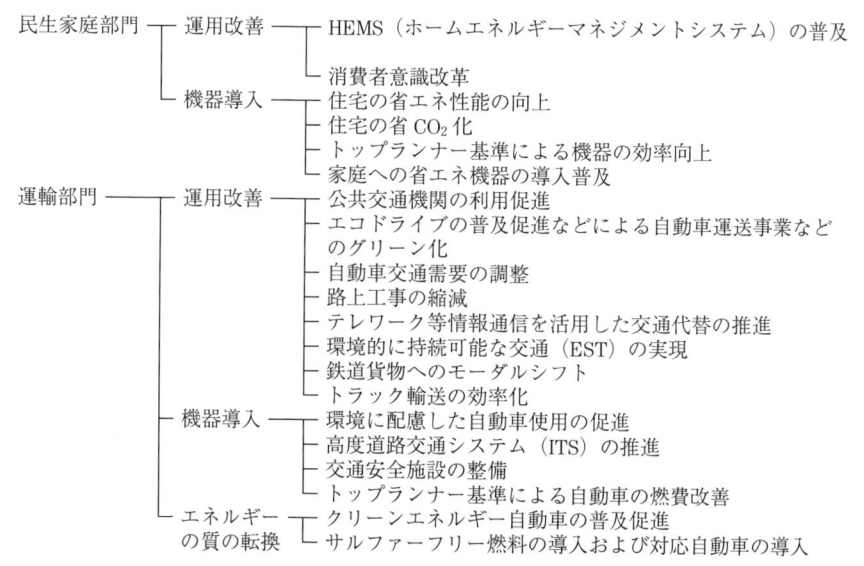

```
民生家庭部門 ─┬─ 運用改善 ─┬─ HEMS（ホームエネルギーマネジメントシステム）の普及
              │            └─ 消費者意識改革
              └─ 機器導入 ─┬─ 住宅の省エネ性能の向上
                            ├─ 住宅の省 CO₂ 化
                            ├─ トップランナー基準による機器の効率向上
                            └─ 家庭への省エネ機器の導入普及
運輸部門 ─────┬─ 運用改善 ─┬─ 公共交通機関の利用促進
              │            ├─ エコドライブの普及促進などによる自動車運送事業などのグリーン化
              │            ├─ 自動車交通需要の調整
              │            ├─ 路上工事の縮減
              │            ├─ テレワーク等情報通信を活用した交通代替の推進
              │            ├─ 環境的に持続可能な交通（EST）の実現
              │            ├─ 鉄道貨物へのモーダルシフト
              │            └─ トラック輸送の効率化
              ├─ 機器導入 ─┬─ 環境に配慮した自動車使用の促進
              │            ├─ 高度道路交通システム（ITS）の推進
              │            ├─ 交通安全施設の整備
              │            └─ トップランナー基準による自動車の燃費改善
              └─ エネルギー ┬─ クリーンエネルギー自動車の普及促進
                 の質の転換 └─ サルファーフリー燃料の導入および対応自動車の導入
```

出典：環境省ウェブサイト，地球温暖化対策地域推進計画策定ガイドライン（第 3 版），温室効果学排出削減及び吸収源対策・施策についてより作成，
http://www.env.go.jp/earth/ondanka/suishin_g/3rd_edition/chpt4.pdf（2014 年 2 月現在）

解図 14.1 環境負荷の削減手段の例

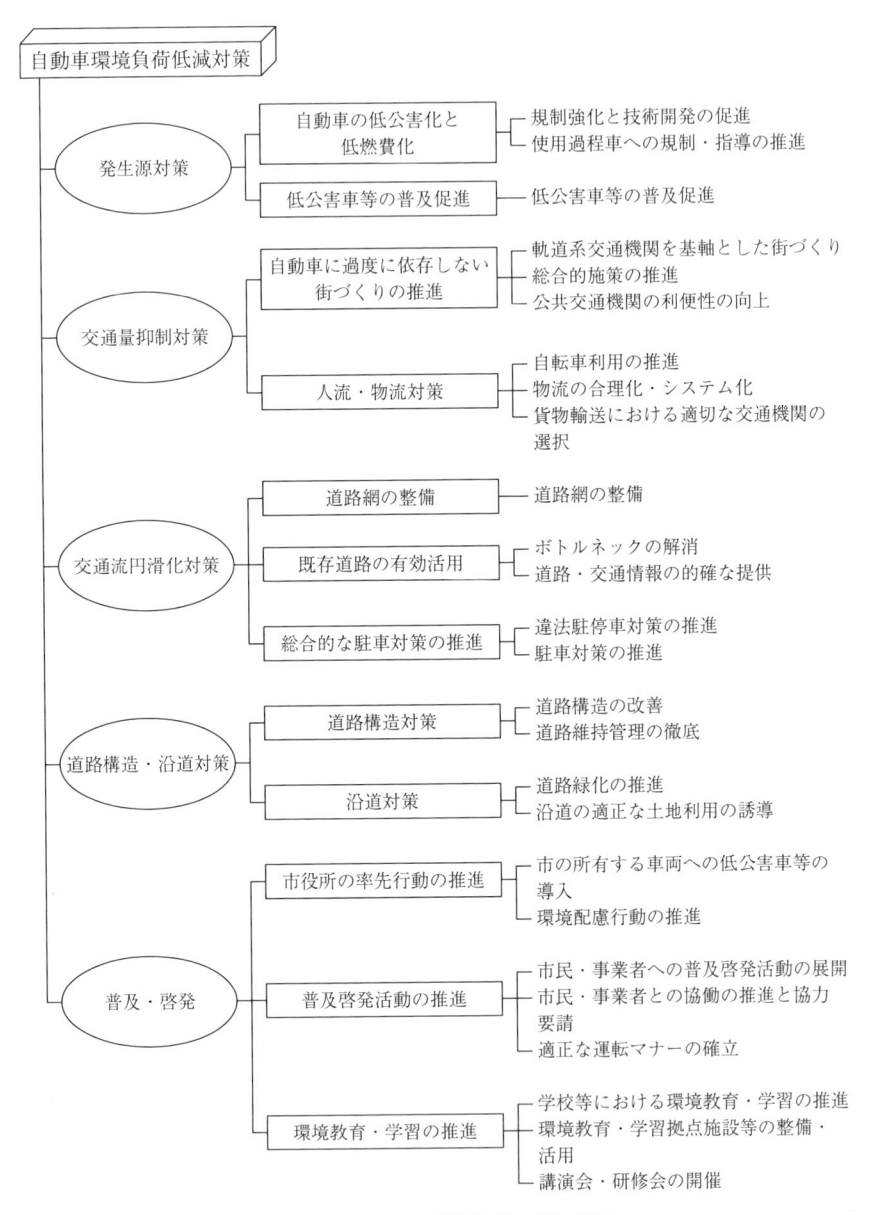

演習問題解答

```
自動車環境負荷低減対策
├─ 発生源対策
│   ├─ 自動車の低公害化と低燃費化
│   │   ├─ 規制強化と技術開発の促進
│   │   └─ 使用過程車への規制・指導の推進
│   └─ 低公害車等の普及促進
│       └─ 低公害車等の普及促進
├─ 交通量抑制対策
│   ├─ 自動車に過度に依存しない街づくりの推進
│   │   ├─ 軌道系交通機関を基軸とした街づくり
│   │   ├─ 総合的施策の推進
│   │   └─ 公共交通機関の利便性の向上
│   └─ 人流・物流対策
│       ├─ 自転車利用の推進
│       ├─ 物流の合理化・システム化
│       └─ 貨物輸送における適切な交通機関の選択
├─ 交通流円滑化対策
│   ├─ 道路網の整備
│   │   └─ 道路網の整備
│   ├─ 既存道路の有効活用
│   │   ├─ ボトルネックの解消
│   │   └─ 道路・交通情報の的確な提供
│   └─ 総合的な駐車対策の推進
│       ├─ 違法駐停車対策の推進
│       └─ 駐車対策の推進
├─ 道路構造・沿道対策
│   ├─ 道路構造対策
│   │   ├─ 道路構造の改善
│   │   └─ 道路維持管理の徹底
│   └─ 沿道対策
│       ├─ 道路緑化の推進
│       └─ 沿道の適正な土地利用の誘導
└─ 普及・啓発
    ├─ 市役所の率先行動の推進
    │   ├─ 市の所有する車両への低公害車等の導入
    │   └─ 環境配慮行動の推進
    ├─ 普及啓発活動の推進
    │   ├─ 市民・事業者への普及啓発活動の展開
    │   ├─ 市民・事業者との協働の推進と協力要請
    │   └─ 適正な運転マナーの確立
    └─ 環境教育・学習の推進
        ├─ 学校等における環境教育・学習の推進
        ├─ 環境教育・学習拠点施設等の整備・活用
        └─ 講演会・研修会の開催
```

解図 14.2 交通の環境負荷の削減手段

(3) 表14.5参照

〔14.3〕 リバースモーゲージとは，自宅を担保にして高齢者に老後資金を融資する仕組みで，死後に自宅を売却して返済に充てるのが一般的である（相続人が現金で返済すれば自宅を売却する必要はない）。具体的には，老人ホームの入居保証金などに充てることが想定されている。

〔14.4〕 いきいきした地域をつくるために，地元の人がよそ者の目を借りて，地域の人と自然の力，文化や産業の力に気づき，地域づくりにつなげていくこと。① 水のゆくえ，② 有用植物，③ 言い伝え，④ 鎮守の森，⑤ 生き物，⑥ 昔遊び，⑦ 地域の知恵袋，⑧ 地域資源，⑨ 食べ物，⑩ もののゆくえ，などを地元の人とよそ者が一緒に，写真をとり，出会った人に話を聞きながら歩き，地図をつくり，一歩踏み出す地域の活動計画の案をつくりだす方法。

学生は「よそ者」の視点を提供できる。地元の方だけでは，普段気がつかないものがじつは大事な資源であることを認識できる可能性がある。また実際に地域を動かしていくためには，「よそ者」だけではなく，「ばか者」や「若者」が必要だといわれる。学生が地域づくりにかかわることで周りの人たちも元気になる。

あとがき

　本書の作成にあたり，鹿島茂先生（中央大学），小坂浩之氏（海上技術安全研究所），辻野五郎丸氏（修景社），竹内佑一氏（計量計画研究所・中央大学兼任講師），竹田純一氏（里地ネットワーク・農山村支援センター事務局長），長谷川貴陽史先生（首都大学東京），清水千弘先生（麗澤大学 現，日本大学），山本俊哉先生（明治大学），小林潔司先生（京都大学），高峰博保氏（ぶなの森代表取締役）より貴重なコメントをいただきました。また，浅田拓海先生（室蘭工業大学）や古澤篤君（JR貨物）や山縣祐成君（さいたま市）の協力を得ました。記して心よりお礼申し上げます。

　本書の完成が遅れたのは，もちろん筆者の遅筆のためであるが，執筆中に発生した東日本大震災の影響もないとはいえない。筆者は震災後1か月以降，三陸にほぼ毎月のように通ってきた。被災地・三陸では第一次産業に基盤をおきながら，観光を含めて六次産業化をすすめていくことが求められている。三陸海岸地域の「食」は美味しい。自分たちでつくった食材を使うともっとおいしい。親しい家族や仲間と食べる食事はさらにおいしい。地域の歴史文化自然に根差した「おいしい」食が持続する環境をつくることも都市・地域計画といえると考えている。

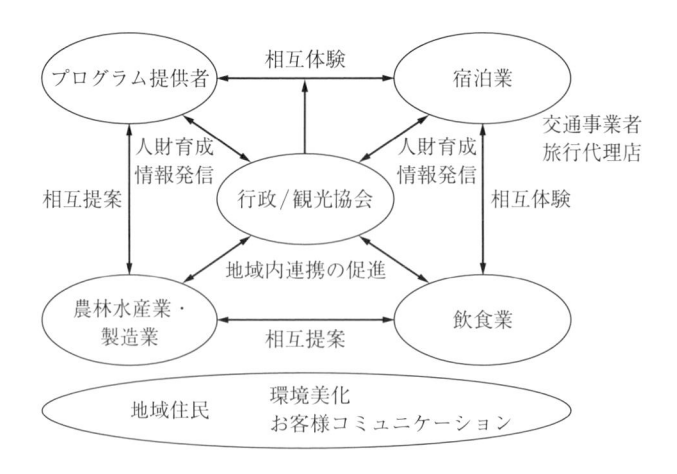

索　引

【あ】

アーバンビレッジ
　urban village　　　　　　　81
アワニー原則
　the Ahwahnee Principles
　　　　　　　　　　　　　80

【え】

エッジ
　edges　　　　　　　　　　11

【お】

オープンスペース
　open space　　　　　　　　9

【か】

開発許可
　development permit　　　91
開発行為
　development　　　　　　92
開発利益
　development gain
　　　　　　　　118, 141
外部性
　externalities　　　　　　32
外部不経済
　negative externalities　　47
課題先進地域
　subject advanced region　2
活動
　activity　　　　　　9, 30
環境影響評価（アセスメント）
　environmental impact
　assessment　　　　　　153
環境基本計画
　basic environmental plan
　　　　　　　　　　　　75
環境基本法
　basic environment law　82

環境保全措置
　mitigation　　　　　　154
換地
　replotting　　　　　　118

【き】

議会
　parliament　　　　　　　3
気候変動
　climate change　　　　　61
気候変動に関する政府間パネル
　International Panel on
　Climate Change，IPCC
　　　　　　　　　　　　64
行政計画
　planning administration
　　　　　　　　　　　　69
行政処分
　administrative disposition
　　　　　　　　　　　160
行政訴訟
　administrative litigation
　（action）　　　　　　159
居住地コミュニティ
　community　　　　　　37

【く】

区域区分
　area division　　　　　　90

【け】

計画
　plan　　　　　　　　　69
景観
　landscape　　　　　　　10
経済主体
　economic agent　　　　36
原告適格
　standing to sue　　　　159

減災
　disaster mitigation　2, 60
建築基準法
　building standard law
　　　　　　　　75, 131
建築協定
　building agreement　131
建築物群
　buildings　　　　　　　9
建蔽率
　building coverage ratio　97

【こ】

公共交通指向型開発
　transit oriented
　development，TOD
　　　　　　　　81, 113
公衆保健法
　public health act　　　58
交通
　transport　　　　　　108
交通サービス
　transport service　　　109
交通システム
　transport system　　　109
交通需要マネジメント
　transportation demand
　management，TDM　112
国内総生産
　gross domestic product,
　GDP　　　　　　　　46
国富
　national wealth　　　　47
国民所得
　national income，NI　46
固定資産税
　property tax　　　　　51
コミュニティゾーン
　community zone　　　112

日本語	English	頁
コミュニティデザイン	community design	168
コミュニティ道路	community road	112
コミュニティビジネス	community business	177
コンパクトシティ	compact city	81

【さ】

日本語	English	頁
災害	disaster	60
災害危険区域	disaster hazard area	101
財政	finance	44, 48
残地	remnant	118

【し】

日本語	English	頁
シェアードスペース	shared space	114
市街化区域	urbanization promotion area	90
市街化調整区域	urbanization control area	90
市街地再開発事業	urban renewal project	121
資源・エネルギー	natural resources and energy	44
市場	market	45
市場機構	market mechanism	45
市場の失敗	market failure	48
次世代型路面電車	Light Rail Transit, LRT	79, 115
自然攪乱	natural disturbance	21
自然資本	natural capital	17
持続可能性	sustainability	76
持続可能な開発目標	sustainable development goals, SDGs	64
持続可能な地域	sustainable region	2
自治	autonomy	3
指定管理者制度	destinated manager system	145
地元学	community creation via area based knowledge	183
社会関係資本	social capital	175
社会資本	infrastructure	44, 47, 52
社会保障	social security	50
囚人のジレンマ	prisoner's dilemma	53
循環型社会	recycling society	56
ショッピングセンター	shopping center, SC	100
人為攪乱	anthropogenic disturbance	21
人口集中地区	densely inhabited district, DID	7

【す】

日本語	English	頁
スプロール	sprawl	68
スマート・グロース	smart growth	81
スマートシティ	smart city	124

【せ】

日本語	English	頁
生活の質	quality of life	12
政策	policy	69
生態系	ecosystem	17
生態系サービス	ecosystem service	22
政府	government	40
世帯	household	36
線引き	area division system	90

【そ】

日本語	English	頁
組織	organization	35

【た】

日本語	English	頁
宅地分割規制	subdivision control	130
縦割り	vertical division	3
多様性	diversity	79

【ち】

日本語	English	頁
地域地区	land use zoning	93
地球温暖化	global warming	61
地球環境問題	global environment problems	61
地区計画	district plan	129

索引

【て】
ディストリクト
districts　11

【と】
都市計画
urban planning　12

都市計画区域
city planning area　90

都市計画税
city planning tax　51

都市計画法
city planning act　75

都市計画マスタープラン
city master plan　82

都市施設
urban facilities　103, 118

土地区画整理事業
land readjustment project　119

土地利用
land use　32

土地利用規制
land use control　128

トランジットモール
transit mall　114

【に】
ニューアーバニズム
new urbanism　80

ニューアーバニズム憲章
Charter of the New Urbanism　80

【の】
ノード
nodes　11

【は】
ハザードマップ
hazard map　101

パ　ス
paths　11

【ひ】
非営利団体
not for profit organization, NPO　36

東日本大震災
the Tohoku earthquake　2

評価基準
evaluation criterion　166

【ふ】
復興交付金
restoration subsidy　3

プライベート・ファイナンス・イニシアティブ
private finance initiative, PFI　145

プラーヌンクスツェレ
Planungszelle，計画する細胞　173

プレイスメイキング
place making　172

【ほ】
防　災
disaster prevention　60

ホテリング・ルール
Hotelling's rule　56

【ま】
マスタープラン
master plan　152

マネジメント
management　12

【み】
ミチゲーション
mitigation　154

民事訴訟
civil action　159

【め】
面的整備
areal improvement　118

【も】
目　的
objective　69

目　標
goal　69

【よ】
欲　求
desire　30

容積率
floor area ratio　97

【ら】
ランドマーク
landmarks　11

【り】
リサイクル
recycle　65

立　地
location　32

リデュース
reduce　65

流域治水
flood risk management in river basins　198

リユース
reuse　65

緑地協定
green space agreement　132

索引

【B】

Bプラン
　Bebauungsplan　　*152*

【D】

DID
　densely inhabited district,
　人口集中地区　　*7*

【G】

GDP
　gross domestic product,
　国内総生産　　*46*

【I】

IPCC
　International Panel on
　Climate Change, 気候変動
　に関する政府間パネル
　　　　　　　　　　64

【L】

LRT
　Light Rail Transit, 次世代
　型路面電車　　*79, 115*

【M】

MaaS
　Mobility as a Service　*115*

【N】

NI
　national income, 国民所得
　　　　　　　　　　46
NPO
　not for profit organization,
　非営利団体　　*36*

【P】

PDCAサイクル
　PDCA cycle　　*168*

PFI
　private finance initiative,
　プライベート・ファイナン
　ス・イニシアティブ　*145*

【S】

SC
　shopping center, ショッピ
　ングセンター　　*100*

【T】

TDM
　transportation demand
　management, 交通需要マ
　ネジメント　　*112*
TOD
　transit oriented
　development, 公共交通指
　向型開発　　*81, 113*

【数字】

3R　　*65*

―― 著者略歴 ――

1989 年	東京大学工学部土木工学科卒業
1991 年	東京大学大学院修士課程修了（工学研究科）
1992 年	東京大学大学院博士課程中途退学
1992 年	東京大学助手
1995 年	博士（工学）（東京大学）
1996 年	東京大学大学院専任講師
1997 年	中央大学専任講師
1998 年	中央大学助教授
2008 年	中央大学教授
	現在に至る

都市・地域計画学
Urban and Regional Planning

© Masayoshi Tanishita 2014

2014 年 5 月 8 日　初版第 1 刷発行
2021 年 8 月 10 日　初版第 3 刷発行

検印省略

著　者　谷下　雅義
発行者　株式会社　コロナ社
　　　　代表者　牛来真也
印刷所　新日本印刷株式会社
製本所　有限会社　愛千製本所

112-0011　東京都文京区千石 4-46-10
発行所　株式会社　コロナ社
CORONA PUBLISHING CO., LTD.
Tokyo Japan

振替00140-8-14844・電話(03)3941-3131(代)
ホームページ　https://www.coronasha.co.jp

ISBN 978-4-339-05637-2　C3351　Printed in Japan　　　（中原）

<JCOPY> ＜出版者著作権管理機構 委託出版物＞

本書の無断複製は著作権法上での例外を除き禁じられています。複製される場合は，そのつど事前に，出版者著作権管理機構（電話 03-5244-5088，FAX 03-5244-5089，e-mail: info@jcopy.or.jp）の許諾を得てください。

本書のコピー，スキャン，デジタル化等の無断複製・転載は著作権法上での例外を除き禁じられています。購入者以外の第三者による本書の電子データ化及び電子書籍化は，いかなる場合も認めていません。
落丁・乱丁はお取替えいたします。

土木計画学ハンドブック

コロナ社 創立90周年記念出版
土木学会 土木計画学研究委員会 設立50周年記念出版

土木学会 土木計画学ハンドブック編集委員会 編
B5判／822頁／本体25,000円／箱入り上製本／口絵あり

委員長：小林潔司
幹　事：赤羽弘和，多々納裕一，福本潤也，松島格也

　可能な限り新進気鋭の研究者が執筆し，各分野の第一人者が主査として編集することにより，いままでの土木計画学の成果とこれからの指針を示す書となるようにしました。
　第Ⅰ編の基礎編を読むことにより，土木計画学の礎の部分を理解できるようにし，第Ⅱ編の応用編では，土木計画学に携わるプロフェッショナルの方にとっても，問題解決に当たって利用可能な各テーマについて詳説し，近年における土木計画学の研究内容や今後の研究の方向性に関する情報が得られるようにしました。

目　次

── Ⅰ．基礎編 ──

1. **土木計画学とは何か**（土木計画学の概要／土木計画学が抱える課題／実践的学問としての土木計画学／土木計画学の発展のために1：正統化の課題／土木計画学の発展のために2：グローバル化／本書の構成）
2. **計画論**（計画プロセス論／計画制度／合意形成）
3. **基礎数学**（システムズアナリシス／統計）
4. **交通学基礎**（交通行動分析／交通ネットワーク分析／交通工学）
5. **関連分野**（経済分析／費用便益分析／経済モデル／心理学／法学）

── Ⅱ．応用編 ──

1. **国土・地域・都市計画**（総説／わが国の国土・地域・都市の現状／国土計画・広域計画／都市計画／農山村計画）
2. **環境都市計画**（考慮すべき環境問題の枠組み／環境負荷と都市構造／環境負荷と交通システム／循環型社会形成と都市／個別プロジェクトの環境評価）
3. **河川計画**（河川計画と土木計画学／河川計画の評価制度／住民参加型の河川計画：流域委員会等／治水経済調査／水害対応計画／土地利用・建築の規制・誘導／水害保険）
4. **水資源計画**（水資源計画・管理の概要／水需要および水資源量の把握と予測／水資源システムの設計と安全度評価／ダム貯水池システムの計画と管理／水資源環境システムの管理計画）
5. **防災計画**（防災計画と土木計画学／災害予防計画／地域防災計画・災害対応計画／災害復興・復旧計画）
6. **観光**（観光学における土木計画学のこれまで／観光行動・需要の分析手法／観光交通のマネジメント手法／観光地における地域・インフラ整備計画手法／観光政策の効果評価手法／観光学における土木計画学のこれから）
7. **道路交通管理・安全**（道路交通管理概論／階層型道路ネットワークの計画・設計／交通容量上のボトルネックと交通渋滞／交通信号制御交差点の管理・運用／交通事故対策と交通安全管理／ITS技術）
8. **道路施設計画**（道路網計画／駅前広場の計画／連続立体交差事業／駐車場の計画／自転車駐車場の計画／新交通システム等の計画）
9. **公共交通計画**（公共交通システム／公共交通計画のための調査・需要予測・評価手法／都市間公共交通計画／都市・地域公共交通計画／新たな取組みと今後の展望）
10. **空港計画**（概論／航空政策と空港計画の歴史／航空輸送市場分析の基本的視点／ネットワーク設計と空港計画／空港整備と運営／空港整備と都市地域経済／空港計画と管制システム）
11. **港湾計画**（港湾計画の概要／港湾施設の配置計画／港湾取扱量の予測／港湾投資の経済分析／港湾における防災・環境評価）
12. **まちづくり**（土木計画学とまちづくり／交通計画とまちづくり／交通工学とまちづくり／市街地整備とまちづくり／都市施設とまちづくり／都市デザインとまちづくり）
13. **景観**（景観分野の研究の概要と特色／景観まちづくり／土木施設と空間のデザイン／風景の再生）
14. **モビリティ・マネジメント**（MMの概要：社会的背景と定義／MMの技術・方法論／国内外の動向とこれからの方向性／これからの方向性）
15. **空間情報**（序論－位置と高さの基準／衛星測位の原理とその応用／画像・レーザー計測／リモートセンシング／GISと空間解析）
16. **ロジスティクス**（ロジスティクスとは／ロジスティクスモデル／土木計画指向のモデル／今後の展開）
17. **公共資産管理・アセットマネジメント**（公共資産管理／ロジックモデルとサービス水準／インフラ会計／データ収集／劣化予測／国際規格と海外展開）
18. **プロジェクトマネジメント**（プロジェクトマネジメント概論／プロジェクトマネジメントの工程／建設プロジェクトにおけるマネジメントシステム／契約入札制度／新たな調達制度の展開）

定価は本体価格+税です。
定価は変更されることがありますのでご了承下さい。

図書目録進呈◆

土木系 大学講義シリーズ

（各巻A5判，欠番は品切または未発行です）

■編集委員長　伊藤　學
■編集委員　青木徹彦・今井五郎・内山久雄・西谷隆亘
　　　　　　榛沢芳雄・茂庭竹生・山﨑　淳

配本順			頁	本体
2.（4回）	土木応用数学	北田俊行著	236	2700円
3.（27回）	測量学	内山久雄著	206	2700円
4.（21回）	地盤地質学	今井・福江／足立 共著	186	2500円
5.（3回）	構造力学	青木徹彦著	340	3300円
6.（6回）	水理学	鮭川　登著	256	2900円
7.（23回）	土質力学	日下部　治著	280	3300円
8.（19回）	土木材料学（改訂版）	三浦　尚著	224	2800円
13.（7回）	海岸工学	服部昌太郎著	244	2500円
14.（25回）	改訂 上下水道工学	茂庭竹生著	240	2900円
15.（11回）	地盤工学	海野・垂水編著	250	2800円
17.（30回）	都市計画（四訂版）	新谷・髙橋／岸井・大沢 共著	196	2600円
18.（24回）	新版 橋梁工学（増補）	泉・近藤共著	324	3800円
20.（9回）	エネルギー施設工学	狩野・石井共著	164	1800円
21.（15回）	建設マネジメント	馬場敬三著	230	2800円
22.（29回）	応用振動学（改訂版）	山田・米田共著	202	2700円

定価は本体価格+税です。
定価は変更されることがありますのでご了承下さい。

図書目録進呈◆

地球環境のための技術としくみシリーズ

（各巻A5判）

コロナ社創立75周年記念出版　〔創立1927年〕

■編集委員長　松井三郎
■編集委員　小林正美・松岡　譲・盛岡　通・森澤眞輔

配本順				頁	本体
1．（1回）	今なぜ地球環境なのか	松井三郎編著		230	3200円
	松下和夫・中村正久・髙橋一生・青山俊介・嘉田良平 共著				
2．（6回）	生活水資源の循環技術	森澤眞輔編著		304	4200円
	松井三郎・細井由彦・伊藤禎彦・花木啓祐 荒巻俊也・国包章一・山村尊房 共著				
3．（3回）	地球水資源の管理技術	森澤眞輔編著		292	4000円
	松岡　譲・髙橋　潔・津野　洋・古城方和 楠田哲也・三村信男・池淵周一 共著				
4．（2回）	土壌圏の管理技術	森澤眞輔編著		240	3400円
	米田　稔・平田健正・村上雅博 共著				
5．	資源循環型社会の技術システム	盛岡　通編著			
	河村清史・吉田　登・藤田　壮・花嶋正孝 宮脇健太郎・後藤敏彦・東海明宏 共著				
6．（7回）	エネルギーと環境の技術開発	松岡　譲編著		262	3600円
	森　俊介・槌屋治紀・藤井康正 共著				
7．	大気環境の技術とその展開	松岡　譲編著			
	森口祐一・島田幸司・牧野尚夫・白井裕三・甲斐沼美紀子 共著				
8．（4回）	木造都市の設計技術			282	4000円
	小林正美・竹内典之・髙橋康夫・山岸常人 外山　義・井上由起子・菅野正広・鉾井修一 吉田治典・鈴木祥之・渡邉史夫・高松　伸 共著				
9．	環境調和型交通の技術システム	盛岡　通編著			
	新田保次・鹿島　茂・岩井信夫・中川　大 細川恭史・林　良嗣・花岡伸也・青山吉隆 共著				
10．	都市の環境計画の技術としくみ	盛岡　通編著			
	神吉紀世子・室崎益輝・藤田　壮・島谷幸宏 福井弘道・野村康彦・世古一穂 共著				
11．（5回）	地球環境保全の法としくみ	松井三郎編著		330	4400円
	岩間　徹・浅野直人・川勝健志・植田和弘 倉阪秀史・岡島成行・平野　喬 共著				

定価は本体価格＋税です。
定価は変更されることがありますのでご了承下さい。

図書目録進呈◆

環境・都市システム系教科書シリーズ

(各巻A5判，欠番は品切です)

- ■編集委員長　澤　孝平
- ■幹　　　事　角田　忍
- ■編集委員　荻野　弘・奥村充司・川合　茂
　　　　　　　嵯峨　晃・西澤辰男

配本順			著者	頁	本体
1.	(16回)	シビルエンジニアリングの第一歩	澤 孝平・嵯峨 晃 川合 茂・角田 忍 荻野 弘・奥村充司 共著 西澤辰男	176	2300円
2.	(1回)	コンクリート構造	角田　　忍 竹村 和夫 共著	186	2200円
3.	(2回)	土 質 工 学	赤木知之・吉村優治 上 俊二・小堀慈久 共著 伊東 孝	238	2800円
4.	(3回)	構 造 力 学 Ⅰ	嵯峨 晃・武田八郎 原 隆・勇 秀憲 共著	244	3000円
5.	(7回)	構 造 力 学 Ⅱ	嵯峨 晃・武田八郎 原 隆・勇 秀憲 共著	192	2300円
6.	(4回)	河 川 工 学	川合 茂・和田 清 神田佳一・鈴木正人 共著	208	2500円
7.	(5回)	水 理 学	日下部重幸・檀 和秀 湯城豊勝 共著	200	2600円
8.	(6回)	建 設 材 料	中嶋清実・角田 忍 菅原 隆 共著	190	2300円
9.	(8回)	海 岸 工 学	平山秀夫・辻本剛三 島田富美男・本田尚正 共著	204	2500円
10.	(24回)	施 工 管 理 学 (改訂版)	友久誠司・竹下治之 江口忠臣 共著	240	2900円
11.	(21回)	改訂 測 量 学 Ⅰ	堤　　　　隆 著	224	2800円
12.	(22回)	改訂 測 量 学 Ⅱ	岡林 巧・堤 隆 山田貴浩・田中龍児 共著	208	2600円
13.	(11回)	景観デザイン ―総合的な空間のデザインをめざして―	市坪 誠・小川総一郎 谷平 考・砂本文彦 共著 溝上裕二	222	2900円
15.	(14回)	鋼 構 造 学	原 隆・山口隆司 北原武嗣・和多田康男 共著	224	2800円
16.	(15回)	都 市 計 画	平田登基男・亀野辰三 宮腰和弘・武井幸久 共著 内田一平	204	2500円
17.	(17回)	環 境 衛 生 工 学	奥村 充司 大久保 孝樹 共著	238	3000円
18.	(18回)	交 通 シ ス テ ム 工 学	大橋健一・栁澤吉保 高岸節夫・佐々木恵一 日野 智・折田仁典 共著 宮腰和弘・西澤辰男	224	2800円
19.	(19回)	建 設 シ ス テ ム 計 画	大橋健一・荻野 弘 西澤辰男・栁澤吉保 鈴木正人・伊藤 雅 共著 野口宏治・石内鉄平	240	3000円
20.	(20回)	防 災 工 学	渕田邦彦・疋田 誠 檀 和秀・吉村優治 共著 塩野計司	240	3000円
21.	(23回)	環 境 生 態 工 学	宇野 宏司 渡部 守義 共著	230	2900円

定価は本体価格+税です。
定価は変更されることがありますのでご了承下さい。

図書目録進呈◆

土木・環境系コアテキストシリーズ

（各巻A5判）

■編集委員長　日下部　治
■編集委員　　小林　潔司・道奥　康治・山本　和夫・依田　照彦

共通・基礎科目分野

	配本順			頁	本体
A-1	（第9回）	土木・環境系の力学	斉木　功著	208	2600円
A-2	（第10回）	土木・環境系の数学 ―数学の基礎から計算・情報への応用―	堀・市村共著	188	2400円
A-3	（第13回）	土木・環境系の国際人英語	井合・Steedman共著	206	2600円
A-4		土木・環境系の技術者倫理	藤原・木村共著		

土木材料・構造工学分野

B-1	（第3回）	構造力学	野村卓史著	240	3000円
B-2	（第19回）	土木材料学	中村・奥松共著	192	2400円
B-3	（第7回）	コンクリート構造学	宇治公隆著	240	3000円
B-4	（第21回）	鋼構造学（改訂版）	舘石和雄著	240	3000円
B-5		構造設計論	佐藤・香月共著		

地盤工学分野

C-1		応用地質学	谷　和夫著		
C-2	（第6回）	地盤力学	中野正樹著	192	2400円
C-3	（第2回）	地盤工学	髙橋章浩著	222	2800円
C-4		環境地盤工学	勝見・乾共著		

水工・水理学分野

D-1	（第11回）	水理学	竹原幸生著	204	2600円
D-2	（第5回）	水文学	風間　聡著	176	2200円
D-3	（第18回）	河川工学	竹林洋史著	200	2500円
D-4	（第14回）	沿岸域工学	川崎浩司著	218	2800円

土木計画学・交通工学分野

E-1	（第17回）	土木計画学	奥村　誠著	204	2600円
E-2	（第20回）	都市・地域計画学	谷下雅義著	236	2700円
E-3	（第22回）	改訂交通計画学	金子・有村・石坂共著	236	3000円
E-4		景観工学	川崎・久保田共著		
E-5	（第16回）	空間情報学	須崎・畑山共著	236	3000円
E-6	（第1回）	プロジェクトマネジメント	大津宏康著	186	2400円
E-7	（第15回）	公共事業評価のための経済学	石倉・横松共著	238	2900円

環境システム分野

F-1		水環境工学	長岡　裕著		
F-2	（第8回）	大気環境工学	川上智規著	188	2400円
F-3		環境生態学	西村・山田・中野共著		
F-4		廃棄物管理学	島岡・中山共著		
F-5		環境法政策学	織　朱實著		

定価は本体価格+税です。
定価は変更されることがありますのでご了承下さい。

図書目録進呈◆